地域農業の持続的発展とJA営農経済事業

はじめに

　JA の営農経済事業の今日的課題は主に次の二つといえるだろう。

　第 1 は、農協改革集中推進期間は19年 5 月に終了したが、農協改革に対応した JA の創造的自己改革を引き続き実践していくことである。農政の基本的な方針を表した「農林水産業・地域の活力創造プラン」では、「単位農協は農産物の有利販売（それに結びついた営農指導）と生産資材の有利調達に最重点を置いて事業運営を行う必要がある」とされた。これを受けて JA グループは「創造的自己改革」として、「農業者の所得増大」「農業生産の拡大」「地域の活性化」を基本目標に、とくに「農業者の所得増大」「農業生産の拡大」につながる分野を最重点分野とした。そして、それぞれの JA は組合員との対話を踏まえて、営農経済事業を核に、地域の実態に対応した多様な改革を行ってきた。その継続・発展である。

　第 2 は、長年赤字を続けてきた営農経済事業の収支改善である。これは過去の数次の経済事業改革において繰り返し求められ、取り組まれてきたが、今日、信用事業を取り巻く環境の悪化を背景に、その必要性を JA 自身さらに強く認識している。2020年 4 月に JA グループは「持続可能な JA 経営基盤の確立・強化」に向けた対応方向として、経済事業の収益構造の改善を決定した。このことはまた、自己改革を支えるものとしても位置づけられている。

　本書の第Ⅱ部「自己改革における JA 営農経済事業」には、まさにこの二つの課題に関連する論文が並んだ。自己改革として JA および JA グループが取組んでいる事例、また、自己改革に先んじて JA が中長期的に改革に取り組み、成果をあげた事例を分析している。JA の自己改革の実践、そして営農経済事業の収益改善に参考となることと自負している。

　本書の特徴はそれだけではない、わが国の営農経済事業の歴史、総合農協ではない主体による地域農業振興、そして外国の農協および営農指

1

導まで対象とした論文を揃えている。読者は、時間軸、空間軸を幅広くとって、俯瞰的に現在のJA営農経済事業を位置付けることができるのではないか。また中長期的なあり方を考えるための様々な素材を提供することができたのではないかと期待している。

　第Ⅰ部「営農経済事業の歴史と役割」では、戦前からの営農指導事業の歴史、農協設立時からの営農経済事業の歴史を農政とともに振り返り、さらに東日本大震災の農業復興に営農経済事業が果たした役割について検討した。第Ⅲ部「営農経済事業の多角的検討」では、専門農協とJA出資型農業法人という総合農協ではない主体が地域農業振興に取り組む現状とその課題を紹介する。さらに、第Ⅳ部「海外における農業者支援」は、営農指導事業のあり方を考えるうえで刺激的である米国の協同普及事業の動向、日本と同じく家族経営中心の農業をベースとするフランスの農協、さらに広くEUを対象として生産調整を農協の中で実施する姿を紹介する。

　本書は、「農業協同組合経営実務」2019年5月号から2020年4月号に掲載された「JA経営の真髄　JA営農経済事業」と題した連載をまとめたものであり、農林中金総合研究所の9名の研究員と外部研究者1名が執筆を担当した。

　なお、本書での営農経済事業には農業関連事業と営農指導事業を含んでいる。

目　次

第Ⅰ部

営農経済事業の歴史と役割

第Ⅰ部

第Ⅱ部

第Ⅲ部

第Ⅳ部

第1章

農協営農指導事業の形成と展開

清水 徹朗

本章では、農協がなぜ営農指導事業を行うようになったのか、農協の事業・経営のなかで営農指導事業をどう位置づけてきたのかを解説するとともに、近年の営農指導事業改革論議と今後の方向について考察する。

1. 戦前における農会による技術指導

農協は戦後改革の過程で設立されたものであるが、その前身は一般には「産業組合」[※1]であるとされている。しかし、産業組合は営農指導事業は行っておらず、戦前において農業技術指導・普及を担っていたのは「農会」であった。

明治維新直後の政府は「殖産興業」を掲げ、その重要な柱である「勧農政策」として農業試験場や農学校を設立し、また農談会、品評会、農事巡回教師制などによって農業技術の普及を進めた。こうしたなかで、横井時敬を中心とする農学会は、『興農論策』（1891年）で全国的な農業技術指導組織の創設を提言した。その結果、1899年に農会法が制定されて全国各地に農会が設立され、農会は技術員を雇って農業試験場が研究・開発した技術の普及を行った[※2]。また、1910年に設立された帝国農会は、農政活動においても大きな影響力を持つことになった。

産業組合法が制定されたのは農会法より1年遅い1900年（明治33年）であり、産業組合の設立において農会が大きな役割を果たした。産業組

合は30年代の農村恐慌の際に農村経済更生運動の重要な担い手として位置づけられ、さらに戦時中の1943年に産業組合と農会は「農業会」という単一の組織に統合され、農業会は国家総動員体制の末端組織になった。

※1　産業組合はドイツのライファイゼン組合をモデルに導入された協同組合であり、主として農村部の経済安定を目的に設立され、信用、販売、購買、利用の事業を行った。

※2　ただし、農会法制定以前から農会は設立されており、1881年に大日本農会が設立され、90年には全国に475の農会があった。農会の歴史に関する文献として、奥谷松治『近代日本農政史論』(1938)、小倉倉一『近代日本農政の指導者たち』(1953)、『日本農業発達史』(1953)、『帝国農会史稿（記述編）』(1972)、栗原百寿『農業団体論』(著作集第5巻)(1979)、玉真之介『農業団体と産地形成』(1996)、松田忍『系統農会と近代日本』(2012) がある。

２．戦後改革としての農協・農業改良普及所の設立

　日本は太平洋戦争の敗戦の結果、GHQ による占領下で戦後改革に取り組むことになった。GHQ は日本の軍国主義の温床が封建的な農業・農村制度にあるとし、45年12月に「農地改革に関する覚書」を日本政府に示し、これに基づいて農地改革が行なわれた。また、GHQ はこの「覚書」において、「農民の利害を無視した農民及び農業団体に対する政府の権力的統制」が問題であるとして、「非農民的利害に支配されず日本農民の経済的文化的向上を目的とした農業協同組合を育成する計画」と「農民に対して技術その他の情報を普及するための計画」を作成することを日本政府に指示した。

　その結果、農業会は解散し、新たに民主的な制度に基づいた農協が設立されたが（47年に農協法制定）、その際、農業会の資産・事業は農協に受け継がれ、農業会の職員も大半は農協に採用された。こうして農協は、かつて農会が行っていた営農指導事業、農政活動を行うことになったのである。

　さらに、この指令に従って48年に新たに農業改良普及制度（農業改良助長法に基づき都道府県の専門職員が直接農業者に対し技術・経営指導等を行う）が設けられ、全国各地に農業改良普及センターが設置された。その際、農業会の農業技術員の一部は、試験を受けて農業改良普及員として採用され都道府県の地方公務員となった。農業改良普及制度は米国の農業技術普及制度を日本に移入したものであり、農会組織が地主階層中

心の組織で国家主導の上からの技術指導であったのに対して、民主的、自発的、人材育成、青少年育成、生活改善の理念を掲げ、農業技術の普及とともに農村生活改善の事業を行った。

　こうして戦後改革の結果、農業技術の普及において農協営農指導事業と農業改良普及制度の二系統が併存する体制が構築されたが、甲斐武至はこの二重構造について、「農協の営農指導事業と普及事業の関係については、農協運動の歴史の中でも、明確な整理がなされないまま現在に至っている」（『農協営農指導入門』1979）と指摘した。

3．農業団体再編成問題と農協営農指導事業の確立

　発足直後の農協は経営難に陥ったため、51年に再建整備法が制定され、農協は政府の支援のもと経営再建に取り組んだが、51年に農地委員会、農業調整委員会、農業改良委員会を統合して農業委員会が発足すると、「生産指導事業と農政活動は農業委員会に任せ農協は経済事業に専念すべき」という「経営純化論」が一部で唱えられた。そして、農村更生協会（会長石黒忠篤）が、「農業委員会に農協の生産指導の機能を吸収し旧農会のような農業団体を新たに作る」という農事会法案を提案すると、すでに旧農業会の農業技術員の一部を採用して事業を始めていた農協はこの構想に強く反発し批判した（第1次農業団体再編成問題）。

　そして、農協は52年に開催された第1回全国農協大会において、営農指導事業に関する決議、農業団体の再編に関する決議を行い、農協が営農指導事業を担っていく方針を示した。結果的には農協に営農指導事業は残され、また54年に全国農協中央会が設立され、農業委員会の全国団体として全国農業会議所が設立された。

　さらに、55年に河野一郎農相が、全国農業会議所に対して今後の農業団体のあり方に関する諮問を行うと、全国農業会議所と農協組織との間で農業団体のあり方を巡って再び激しい論争が起きた（第2次農業団体再編成問題）。そのなかで、農協系統は「農業技術指導は農業改良普及事業の強化と農協営農指導事業の連携により行なう」という方針を示し、その結果、今日に至る農協営農指導事業の自賄い体制が確立した（満川

元親『戦後農業団体発展史』1972）。

4．農協による地域農業振興の取組み

61年に農業基本法が成立すると、農協系統は営農団地構想を打ち出し、成長が見込まれた酪農、肉牛、園芸等の主産地形成を行って営農指導事業を核に農産物の生産・販売一貫体制を構築する方針を示した。この方針に従って、農協は組合員による生産部会を組織し、第11回全国農協大会（67年）で、営農団地を核にした生産体制を確立するという「農業基本構想」を決議した。

70年代に入ると高度経済成長の時代は終わり、それまでの中央集権的な農政を転換し、地域農業、地域農政の推進が盛んに唱えられるようになった。また、70年代初頭には、農振法（69年制定）に基づいて農振計画が策定され、75年から農用地利用増進事業が行われた。一方、日本農業は70年代より米やみかんの過剰生産が問題となって生産調整が行われるようになり、またコンバイン、田植機などの農業機械の導入が本格化し、機械利用組合の組織化が大きな課題になった。

こうした情勢に対応して、76年より全国の農協で地域農業振興計画が策定され、82年には地域営農集団の育成方針を示し、農業機械の共同利用、農地の利用調整を進めた。こうした取組みを通じて、農協営農指導事業は生産組織の育成、農業機械化、新作物導入、産地形成、農家経済の向上など日本農業の発展に大きく貢献した。

5．系統再編と営農・経済事業改革

農協は高度経済成長の過程で事業量を拡大し、経営的にも安定的に推移したが、日本農業は70年代以降、農産物輸入自由化、円高の進行、米生産調整など様々な問題に直面し対応が迫られた。また、80年代以降進行した金融自由化によって農協信用事業の収益減少が懸念され、農協経営の効率化が求められるようになった。そのため、第18回全国農協大会（88年）において、農協合併によって4,000近くあった農協を1,000程度まで再編する方針を決定した。

　さらに91年に、全国農協中央会会長の諮問機関「総合審議会」（森本修議長）は、事業運営の合理化・効率化、連合会の事業機能強化、経営管理体制の強化のため、さらなる合併の推進と支店の統廃合、原則事業二段階制を提言した。そして、この提言を受けて、全農と経済連の統合、県共済連の全共連への統合、一部信連の農林中金との統合が進められ、奈良県、香川県では 1 県 1 JA が誕生した。また、営農指導事業については、第20回 JA 全国大会（94年）で JA 営農センター設置を決議し、その後、広域合併にともなって営農指導部門を営農センターに再編する動きが進んだ。

　一方、90年代に農協系統はバブル経済とその崩壊に伴って発生した住専問題に巻き込まれ、また BIS 規制強化に対応した金融制度改革が進展するなかで、農協信用事業の改革が迫られた。そして、99年に食料・農業・農村基本法が制定されると、新たな基本法のもとでの農協のあり方を検討するため、農林水産省は「農協系統の事業・組織に関する検討会」（岸康彦座長）を設け、「農協改革の方向」（2000年）で農協の改革方向を示した。この報告書は、①新基本法を踏まえた事業システムのあり方、②農協金融システムのあり方、③農協系統の組織のあり方、④農協系統に対する行政のあり方、の四つの柱から構成されていたが、その中心は②の農協信用事業の改革であり、この報告書を受けて01年に農協法が改正されて JA バンクシステムが開始された。

　さらに、続けて農水省に設けられた「農協のあり方についての研究会」（今村奈良臣座長）では、経済事業を中心に改革の検討が行われ、報告書「農協改革の基本方向」（03年）において、全農改革をはじめとする経済事業改革の方針が打ち出され、これを受けて第23回 JA 全国大会（03年）において「経済事業改革の断行」が決議された。

　一方、JA 全中は営農指導事業検討委員会を設け、04年に「JA グループの営農指導機能強化のための基本方向」をとりまとめ、営農指導事業強化のため、営農指導員の階層化、目標管理の導入などの改革案を示した。また JA 全農は、全農改革「新生プラン」（06年）において担い手対応強化の方針を打ち出し、08年より全国の JA で TAC（Team for

Agricultural Coordination）による農業経営体への働きかけを開始した。

６．営農指導事業の位置づけと費用負担問題

⑴　農協営農指導事業の役割

　農協は旧農会にあった農業技術指導事業を取り込み、50年代の農業団体再編成論争の荒波を経て、その後、日本農業の発展に伴って事業規模を拡大してきた。この間、農協は、日本農業の変化と農政の動向に対応して地域農業の振興に積極的に取り組み、営農指導と農政運動によって組合員との関係を深め、日本農業の発展と農家の生活向上・地位向上に大きな役割を果たしたと評価することができる。その意味で農業団体再編成の際に農協がとった路線は誤りではなかったし、政府も基本的にはこうした農協の事業・方針を支援してきた。

　しかし、その過程で農協系統は事業・経営における営農指導事業の位置づけを明確に行ってきたとは言いきれず、藤谷築次は「営農指導事業に関する考え方が、理論的にも農協組織内部でも今日に至るまで十分に整理し切れていない」（日本農業年報第36集『農協四十年』「営農指導」1989）と指摘した。

⑵　「営農指導機軸論」の考え方

　JA グループは、農協経営における営農指導の位置づけとして、これまで長年にわたって、「営農指導は組合員の協同活動を生産面において強化し、これを通じて販売、購買、信用、共済などの事業の発展を期するものであり、JA 事業の基礎的部門として位置づけられなければならない」とし、「営農指導は JA 諸事業の要となり、JA 運営で最も重要である」（JA 全中『JA 教科書　営農指導事業』1994）という「営農指導機軸論」を唱えてきた。88年の行政監察報告書『農協の現状』にもこの考え方が盛り込まれており、また、JA 全中が12年に行った「JA グループの営農指導事業機能強化にかかる研究会」（増田佳昭座長）の報告書でも、「営農指導機軸論を再確認する必要がある」と書かれている。

(3)　営農指導事業の費用負担問題

　しかし、農協の営農指導事業や農政活動に必要な費用は営農指導事業単体では賄うことはできず、他部門（おもに信用・共済事業）がその費用を負担してきた。農協全体の経営収支はそれを可能にしたし、組合員も基本的にはこの方針を支持し営農指導事業の赤字は容認されてきたが、日本農業の構造変化のなかで営農指導事業の費用負担について再検討が必要になっている。

　この問題に関するこれまでの議論を整理すると、以下の通りである。

a．三輪昌男の「農協改革」批判

　農林水産省の研究会が2000年にまとめた報告書「農協改革の方向」では、「農協の最も重要な機能は地域農業振興である」と書かれており、その直後に行われた農協法改正（01年）で、営農指導事業は農協の第一の事業として明記された。

　これに対して三輪昌男は、『農協改革の逆流と大道』（2001年）において、営農指導にはコストがかかるのであり、そのコストを無視して営農指導を農協の第一の事業とするのは問題であり、「農協は地域農業の司令塔」であるとして農協に地域農業戦略の策定を求めるのは右肩上がり時代の産物だと批判した。そして、営農指導を重視するのであれば、農業改良普及事業の強化によって行われるべきと主張した。

b．藤谷築次の反論

　この三輪の主張に対して、かねてより農協による地域農業振興計画の策定を推奨してきた藤谷築次は、組合員の営農指導事業に対する期待は高く、農協が地域農業の司令塔として営農指導に主体的かつ積極的に取り組む現代的意義があると反論した（「営農指導事業の位置づけと成立条件をめぐって」『地域農業と農協』2002年第3号）。そして、営農指導事業はJAの基盤事業ないし収益事業（経済事業、金融－信・共事業）を支える「基盤事業」と位置づけるべきであり、営農指導事業がうまくいかなくなると経済事業も信用事業もうまくいかなくなるとし、信・共両収益部門は営農指導事業の経費に対し応分の負担を行うべきと主張した。

　また藤谷は、農業改良普及事業は国・県の奨励行政の技術的助成者に

成り下がっており、デスクワークが多くなり現場指導が不十分になっている現状を批判するとともに、農協営農指導員は情報力、技術力、組織形成力を高める必要があると指摘した。

c．「農協改革の基本方向」の考え方

　03年に発表された「農協改革の基本方向」（農水省研究会報告書）では、経済事業の赤字を信用・共済事業の収支で補てんしている状態は問題であり、金融情勢の変化のなかで信用・共済事業の収益が減少することが見込まれるため、信用・共済事業からの補てんがなくとも成立するように経済事業は大胆な改革・効率化を進める必要があると提言した。

　その一方で、JAの営農指導事業については、「営農指導」は販売事業等の「先行投資」と位置づけることができ、農産物販売・精算資材購買と総合的に考える必要があり、収支面でも「JAの事業を総合的に見るべきであり、営農指導単独での収支を考える必要はない」とした。

d．増田佳昭の見解

　増田佳昭は、こうした論争を受け、営農指導事業の性格と費用負担について、①専門事業論（独立した専門事業であり受益者から料金を徴収）、②営農事業の構成事業論（営農事業部門で費用を負担し収支均衡）、③JA全体の基礎事業論（JA全体で費用を負担）、④組合員教育活動論（教育活動費等で費用負担）、の四つの考え方があると整理した（「転機に立つ営農指導事業－費用負担問題を中心に」『農業と経済』2004年7月号）。そして、たとえ営農指導事業が他部門へ波及する効果があるとしても、信用・共済事業が営農指導事業費用の8割を賄う構造を正当化する根拠にはなりえないとし、営農指導事業の受益者と負担者の乖離が著しくなっているため、「JA全体の基礎事業論」は成り立ちえないとした。

　そして、営農指導の業務内容を、①事業性業務（販売、購買）、②共益性業務（指導業務、部会対応）、③公益性業務（行政対応、農政対応）に区分し、事業性業務の費用は販売事業、購買事業など事業区分ごとにそれぞれの事業が負担すべきであり、共益性業務は受益者負担の原則から部会組織組合員が負担するべきであるとした。一方、公益性業務については行政の委任業務的業務の費用は行政が負担すべきであり、JA全体あ

14

るいは地域全体の利益に合致するものはJA経営全体での負担が適当で
あるとしている。

7. 農協営農指導事業の改革方向

　以上、農協営農指導事業に関するこれまでの改革論議を紹介したが、
最後に営農指導事業の今後の改革方向を考えてみたい[※3]。

⑴　営農指導事業の位置づけ

　すでに指摘したように、JAグループでは営農指導機軸論が教科書的
見解であり、86年に出版された『明日の農協』（武内哲夫、太田原高昭著）
も基本的にはこの機軸論の立場から書かれていた。農協が農業者によっ
て組織された協同組合である限り農業・農家を機軸に農協経営を考える
のは当然のことであり、優れた農協は営農指導事業も充実し営農指導と
農協経営の好循環が生まれている。確かに農協組合員のうち准組合員数
が正組合員数を上回るようになったが、農協の出資金割合では圧倒的に
正組合員の比重が高く、農協利用という点でも正組合員は准組合員より
多く利用しており、農協経営において農業は引き続き重要であり営農指
導機軸論は今日でも十分通用する理論であると考えられる。

　しかし、その一方で、農家の生活・経済構造は大きく変化し、農家・
農業経営の階層分化が進んでいることも事実である。かつてのように農
協の組合員の大部分が主として農業に従事している農業者で、農家所得
に占める農業所得の割合が高かった時代には、営農指導機軸論はほとん
どの農協で説得力があったであろうが、今日の農業・農村・農家の実態
を考えると、営農指導機軸論を無条件で適用することができなくなって
いる農協も多くなっていると考えられる。

　営農指導事業の位置づけは、それぞれの農協の事業基盤、農業構造に
よって異なるものであり、北海道の農協と首都圏の「都市農協」が同じ
経営方針を採用することはできない。したがって、それぞれの農協が自
らの経営基盤を分析して営農指導事業の位置づけを行い、それに基づい
てそれぞれの経営戦略を構築する必要があろう。

(2) 営農指導事業収支の考え方

　農協経営の最高意思決定機関は総会（総代会）であり、営農指導事業にどれだけの費用をかけるか、組合員からの賦課金の水準や他事業からの負担をどの程度にするかは、組合員が決めることである。

　「農協改革の基本方向」（03年）では、生活関連事業について、「事業別・場所別の収支状況を組合員に明示して改革方向について議論する必要がある」と書かれているが、営農指導事業に関しても同じことがいうことができ、営農指導員をどこに何人配属し、どういう業務を何のために行っているのか、そのコストがどの程度かかっているかを組合員に示し、場合によっては販売手数料や賦課金の引上げという形で組合員の負担増大を求めることも必要になろう。

　営農指導事業の位置づけと同様に、営農指導事業の費用負担方法についても、経営基盤や地域の農業構造が農協ごとに異なっているため全国一律の基準を適用することはできず、それぞれの農協の基盤と地域農業の実態に適合した費用負担方法を追求し、また農業構造の変化に対応して部門別損益管理方法の再検討を行う必要があろう[4]。

(3) 農業改良普及制度の改革

　農業改良普及制度は農協とほぼ同時期に戦後改革の結果設けられたものであり、普及員は発足当初「緑の自転車」で農村部を巡回し、夜の会合にも出席して農業技術の普及や農家の組織化に取り組み、農村の民主化、農業者の地位向上、日本農業の発展に大きな役割を果たした。

　しかし、農家戸数減少、農家の兼業化、一部農家の規模拡大などにより普及事業のあり方が問われるようになり、①普及事業本来の役割が不明確になっている、②求められる支援内容・方法が変わってきている、③普及員が多様なニーズに対応しきれていない、④硬直化して地域の実情に対応しきれていない、などの指摘を受けるようになっている[5]。

　こうした状況を受け、農林水産省や日本農業普及学会などで改革の検討が行われ、これまで環境変化に対応した制度改革を行ってきたが、その改革の検討は農協営農指導事業とは切り離されて行われてきた。逆に、

農協営農指導事業の改革論議のなかでも普及事業との関係が十分に論じられておらず、今後、両者の改革をあわせて再検討する必要がある。

　農業改良普及事業は農協営農指導事業と役割分担や連携を行ってきたが、両者の連携が十分にとれている地域がある一方で、十分な連携が行われていない地域もある。また、普及センターが管内の農協をメンバーに加えた協議会を設け普及計画の策定に際し農協の意見を求めている地域もあるが、協議会は形骸化しているとの指摘もあり、普及事業に農業者や農協の意向を十分反映させる仕組みを再構築する必要がある。

　なお、米国では州立大学が農業改良普及事業の中核になっており、欧州では普及事業を民営化している国や農業団体が普及事業を担っている国もあり、欧米諸国の制度は今後の日本の農業改良普及制度や農協営農指導事業のあり方を考える上で大いに参考になると考えられる[6]。

⑷　農業経営管理支援事業の拡充

　農協はこれまでも簿記普及や青色申告支援などに取り組んできたが、一部の農業経営体が大規模化し法人経営が増加するなかで、農業経営管理、財務管理、税務がますます重要になっている[7]。

　こうした動向を受け、農協系統は第25回JA全国大会（09年）で農業経営管理支援事業に取り組む方針を示したが、一部の県で先進的な取組みを行っているものの、全国的には十分な体制が構築されているとは言いがたい状況である。今後、農業経営管理支援事業を軌道に乗せるためには、農業簿記・会計に関する農協職員の能力向上と財務データを分析できるシステム開発が必要になっている。

⑸　営農指導と農業金融の連携強化と人材育成

　これまで日本の農業金融は制度資金が中心であり、それに加えて基金協会保証をつけての対応が主であったため、農協の融資担当者が農業経営の財務データを分析して審査するという体制は不十分であった。しかし、農業経営の大規模化が進むなかで運転資金需要も生まれており、こうした経営体への融資対応が求められている[8]。

JAバンクは農業メインバンク化を掲げ、農業金融強化のため11年より農業金融プランナーの資格制度（試験科目は農業簿記、税務、経営分析等）を開始したが、一方で、営農指導部門でも07年より同様の試験科目を有する営農指導員資格認証制度を設けており、信用事業部門と営農指導部門の関係を整理し連携を強化していく必要がある。

　今後、農業経営に対するサポート体制を充実させるためには、農協職員の農業簿記・会計に関する専門知識と経営分析能力の向上が必要であり、人材育成のための研修体系の再構築が求められている。

※3　農中総研では2014年度より農協営農指導事業の現状と今後のあり方に関する調査・研究を行っており、これまで以下の報告書を発行している。『JAの農業経営管理支援に関する実証的研究』(2015)、『農協営農指導事業と農業改良普及事業の現状と今後のあり方に関する調査報告書』(2016)、『農業者支援のあり方に関する調査研究Ⅰ－農協の農業者支援を一体的にサポートする系統連合会等の営農支援体制』(2017)、『農業者支援のあり方に関する調査研究Ⅱ－米国調査編』(2018)、『農協営農指導事業の課題』(2019)。

※4　この問題の包括的な研究として坂内久『総合農協の構造と採算問題』(2006)がある。

※5　山極栄司『日本の農業改良普及事業の軌跡と展望』(2004)。なお、19年において、普及センターは360か所、農業改良普及員は6,351人であり、普及員はピーク時（65年13,745人）に比べ半減している。

※6　竹中久二雄編『世界の農業支援システム』(1994)は世界の普及制度を包括的に整理しているが、25年前の本であり情報が古い。近年の動向については、坂内久・清水徹朗「ドイツ・バイエルン州の農業支援システム」『農林金融』2015年9月号）、桂瑛一「フランスにおける農業指導の組織と役割」（『農林金融』2016年10月号）、原弘平「米国の協同普及事業」『農林金融』2019年2月）で欧米主要国の制度を紹介している。

※7　この問題に関する農業経営学、農業会計学の研究成果として、佐々木市夫他『農業経営支援の課題と展望』(2003)、稲本志良編『農業経営発展の会計学』(2012)がある。なお、筆者は14年2月にデンマークの普及事務所（AGROVI）を訪問する機会を得たが、デンマークの普及事業は農業団体が運営しており、訪問した普及事務所のアドバイザー65人のうち6割は農家の会計業務を担当し、農家の財務諸表の作成や税金納付のサポートを行っていた。その際、農家は普及員のアドバイスに対して所定の料金を払っており、訪問した普及所は独立採算で運営していた。また、フランスでは農業会計サポートを専門にする機関CER（農村経済コンサル協会）が存在している。

※8　泉田洋一「農業構造の変化と農業・農村金融の課題」、茂野隆一「法人化・経営多角化と農協の農業融資」（『農業と経済』2012年10月号）。

参考文献
増田佳昭「農協営農面事業の再構築と営農指導事業」（『農業・農協問題研究』、2005）
小池恒男編『農協の存在意義と新しい展開方向』(2008)、昭和堂
瀬津孝「JAの営農指導事業の位置付けとあり方に関する考察」（『地域農業と農協』2013）
太田原高昭他編『農業団体史・農民運動史』（『戦後日本の食料・農業・農村』第14巻、2014）、農林統計協会
増田佳昭編『制度環境の変化と農協の未来像』(2019)、昭和堂

第2章

地域農業振興を主導してきた
総合農協の取組み

内田 多喜生

 本章では、地域農業振興を主導してきた総合農協の取組みについて、農政の流れとそれに対する農協系統の対応を、おもに農協・JA大会での議論と農業構造問題の視点から振り返ることとする。

1. 食糧危機への対応

 農協設立の根拠法となる農協法は1947年に公布され、49年末で全国に約1万3千の総合農協（以下、本章では農協とする）が設立された。当時の組合員は約700万人（50年度末）、うち正組合員が約9割で、農地改革によって多数出現した零細自作農がほとんどを占めた。

 戦後誕生した農協は、戦前の農業会を引き継いだ性格が強く、承継した資産の不良在庫化とともに、ドッジラインによる農家経済の不況、さらに新たに導入した加工部門の不振等も加わり、経営が大きく悪化した。こうした状況に対し、政府は1950年に農協の財務処理基準令を定め、1951年4月には農漁業組合再建整備法を制定、さらに53年には農林漁業連合会整備促進法を公布するなど、その立て直しのため関与を強化していく。そして、整備促進法導入時には、系統全体の経営改善のため、系統全利用を前提とする整促7原則（予約注文、無条件委託、全利用、計画取引、共同計算、原価主義、現金決済）と呼ばれる方式が導入され、これがその後の農協の営農経済事業運営の基礎となる。

さらに同時期、その後の系統農協の性格を決定づける大きな動きがあった。いわゆる農業団体再編問題（第一次1952年、第二次1955年）である。おもに営農指導事業と農政活動をどの農業団体が担うかを巡って争われたこの問題について、系統内部でも大きな議論があったが、最終的に農協系統は営農指導事業に積極的に取り組むことになる。そして、農協系統においては、指導連が廃止され、1954年に新たに農協活動全般の指導を担う全国農協中央会が設立された。整促7原則を前提にした経済事業モデルと、営農指導事業を含む農協モデルがその後の農協系統の営農経済事業の基盤となる。

　このような経過を経て、設立直後の経営および組織問題を乗り越えていった農協系統であるが、この間も戦後の混乱期にあって、公平な食糧供給を行う食糧の統制組織としての、また、大量に創出された零細自作農に対し生産資材の供給や販売物供出を担う役割を着実に果たしていった。それにより、日本の農業生産力は急速に回復していた。

　米についていえば、国際価格を下回る低米価水準や生産資材不足に関わらず農家は単収増につとめ、48年には戦前の37-39年の平均982万トンとほぼ同水準の979万トンにまで生産を回復させた。

　さらに、戦後経済の復興にともなって日本の農業生産全体の水準も急速に回復し、戦後7年を経た52年には戦前の37-39年の平均水準に達した（図表1）。日本の戦後の食糧難克服には、米国の食糧援助とともに

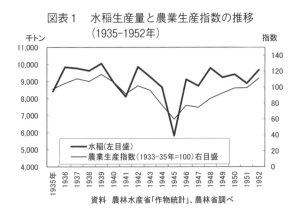

図表1　水稲生産量と農業生産指数の推移
（1935-1952年）

資料　農林水産省「作物統計」、農政省調べ

零細自作農の営農努力による食糧生産の急速な回復があるが、それら農家の組織化に取り組んだ農協も大きな役割を果たしたといえよう。

2．高度成長と農業基本法農政への対応

　1955年前後から日本の高度経済成長が始まったとされるが、重化学工業中心に発展する日本経済は、日本農業にとって農工間の所得格差という新たな問題を生じさせた。また、戦前の生産水準を回復した日本農業は、50年代以降さらに急ピッチでその生産を拡大させたが、高度成長にともない消費者は、米の消費を減少させる一方で、畜産物、果実、野菜等の消費を増加させるなど、需要構造を大きく変化させた。

　こうした変化に対応し、農政は61年に農業基本法を制定した。その柱は、①生産政策として、選択的拡大により畜産・野菜等の作物の増産をはかること、②価格・流通政策として、農家所得確保のため米を中心とする主要作物の価格安定と安定的流通を確保すること、③構造政策として、農地を流動化し経営規模の拡大と機械化により「自立経営農家」を育成することであった。また、農業基本法の目的である構造政策の一環として、62年には、農業機械化のための農地の基盤整備、拠点地区での各種パイロット（モデル）事業、ライスセンターの建設など、大規模な第一次農業構造改善事業が始まった。そして、農協系統は、これらの施策に対応して、営農指導事業を含む経済事業のメリットを最大限に生かし、生産基盤の零細性の克服と、高度経済成長にともなう需要の変化に応じた畜産・青果等の農業生産拡大に組織をあげて取り組んでいった。

　まず、生産基盤の絶対的な脆弱性克服のため当初行政主導で進められた農業構造改善事業については、農協系統側の働きかけもあり、積極的な受け皿組織としての役割を担うこととなった。また、農産物の需要構造の変化については、単なる個別農家による個別品目の規模拡大ではなく、地域の営農資源を組み合わせ地域全体で農業生産の拡大を目指す「営農団地の育成」を60年代から実施していった。

　営農団地構想は、60年の第8回農協大会で決議された「体質改善運動」の展開のなかで取り組まれ、61年には畜産団地、63年には稲作団地、64

年には野菜団地の手引きが作成され、65年にはモデル団地の設定が決定された。64年11月の全中の調査では10道府県の未報告を除き、農協が主導的役割を発揮し推進しつつある営農団地は834に達した（図表２）。さらに同構想は、67年に農協大会で決議された「農業基本構想」（「日本農業の課題と対応」）において農協系統組織の農業振興の基本戦略として位置づけられた。

　こうした営農団地整備等の取組みもあり、野菜・果実、畜産部門等について70年代までに生産は急速に拡大し、80年代半ばにはピークを迎えた。基本法農政の目指したこれらの部門の農業生産の拡大は、農協系統との連携のもと達成されたのである（図表３）。

　この間の農協の農産物販売取扱高は、営農指導員の整備とともに右上がりに推移した（図表４）。また、生産力の拡大には農業構造改善事業等による農業近代化の取組みも不可欠で、農協の共同利用施設は同時期から急速に整備が進むこととなった（図表５）。事業年度と暦年の違いもあり、あくまで試算値ではあるが農業者の系統出荷割合（農協販売取

図表２　営農団地造成状況（全国計　1964.11.10時点）

作目	畜産						養蚕	野菜	果樹	稲作	ビール麦	総合	計
	豚	鶏	酪農	肉用牛	ブロイラー	混合							
団地数	64	79	24	25	15	28	1	143	46	390	8	11	834

　資料　全中『農業協同組合年鑑1966年版』
（注）10道県未報告

図表３　国内生産量の推移（1960年＝100とした指数）

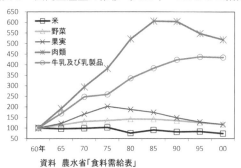

資料　農水省「食料需給表」

扱高を農業産出額で割ったもの）も同時期にはっきりと上昇しており、この間の農業生産力の向上に農協系統が大きく貢献したことは間違いない。

３．安定成長期での基本法農政からの転換

　高度成長期も後半に入った60年代の半ばには、豊作と予想を超える需要減により、まず米の過剰が問題になり、1970年からは生産調整が始まった。さらに安定成長期へ移行した70年代半ばには、畜産・果実等の過剰生産も問題になりはじめた。農業生産力の向上という基本法農政がある程度達成されたなかで、単なる生産力の向上ではなく、需要の変化に応じた供給体制の構築が求められるようになった。

　政府も米の過剰が深刻化した70年には「総合農政の推進について」を

図表４　総合農協の販売取扱高金額・営農指導員数の推移

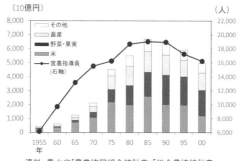

資料　農水省「農業協同組合統計表」「総合農協統計表」

図表５　共同利用施設のある農協の割合と農業者の系統出荷割合

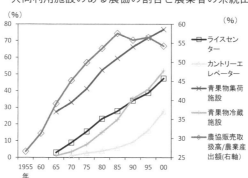

資料農水省「農業協同組合統計表」「総合農協統計表」「生産農業所得統計」

取りまとめ、そこでは米の生産調整の問題と離農対策への取組みが取り上げられるなど、基本法農政にも一定の転換がみられた。

　日本経済が高度成長から安定成長期に入ったこの時期、日本農業も米生産調整の本格化など新たな段階に入り、農協系統ではそうした環境変化に応じて、地域の多様性に応じた農業振興を実現することに注力していった。

　そして、79年の第15回農協大会では、「1980年代日本農業の課題と農協の対策」が決議され、地域農業振興計画の策定・実践が農協の対策の要として位置づけられた。さらに、82年の第16回農協大会決議「日本農業の展望と農協の農業振興方策」では、地域農業振興計画に農用地、農業労働力といった農業構造面での対策を計画のなかに明確に盛り込み、農用地利用計画の策定、地域営農集団の育成、生産コスト低減対策などを地域で計画し、実践することとした。そのねらいは、米から他の土地利用型作物への転換・定着を軸とする生産品目の再編成と、農業構造の変動に対応した集団的土地利用を地域のまとまりのなかで実現することであった。これは、生産調整の定着化を踏まえ、農地の利用調整を農協が推進することなしに、地域農業の振興が困難になった状況を示している。

４．国際化・自由化へシフトする農政への対応

　80年代に入ると、様々な方面からの農業・農協批判が高まる。円高進行により加速した農産物価格の内外価格差の問題、地価高騰による都市農地批判等々である。85年のプラザ合意を背景に86年にはガット・ウルグアイラウンド交渉が開始され、農産物自由化の圧力も強まった。

　これらの動きが農政にも反映され、86年にはコストダウン等による生産性の高い農業構造の確立と、それによる内外価格差の縮小を内容とする「21世紀へ向けての農政の基本方向」が農政審議会から発表される。さらに、92年に公表された「新しい食料・農業・農村政策の方向」（新政策）では、認定農業者制度の導入、法人化の推進などが主な柱となり、これまでの「農家」にかわる「経営体」概念も打ち出される。

　同時期、国内農業にとって、大きな打撃となる政策決定も相次いだ87年に始まる政府米価の引き下げ、88年の牛肉・オレンジの自由化交渉妥結である。さらに、93年にはガット・ウルグアイラウンド交渉が合意に達し、95年にはミニマムアクセス米の輸入が開始される。そして、同95年には食管法の廃止とともに、新食糧法が施行され、98年にはコメの関税化が決定される。

　こうした動きのなかで、米価は大幅に下落し、米農家の経営は大きく悪化した。そして、農地の利用集積による構造変化の動きも停滞することになる。国内の農業生産は不安定化し農産物価格の継続的な下落が続く。さらに、バブル崩壊後の長期不況や農村における高齢化・後継者不足、地方と都市の地域間格差拡大等の問題もより深刻さを加える。

　こうした状況下で、農協系統は、国際化への対応と国内農業の生産性向上の必要性を強く意識することとなる。88年の第18回農協大会で決議された「21世紀を展望する農協の基本戦略」は、国際化に対応した日本農業の確立のために、「農業構造の再編と低コスト対策」を重点課題の一つとしてかかげた。ただし、農協系統の取組みは単なる個別経営の拡大ではなく、地域に根差した農業構造の再編を目指すものであった。

　94年の第20回JA全国大会決議では、地域の「多様な農業者の共生」を実現するために、「地域農場型営農づくり」を打ち出す。そこでは、土地利用型農業における中核的担い手はもとより、自給的・兼業的経営も食料生産の担い手として積極的に位置づけるとした。そのために、地域の農業諸資源をひとつの農場のなかで利用するような「地域農業の経営マネージメント戦略」を農協は展開するとしたのである。

　97年第21回大会でも、「地域農場システムづくりと多様な担い手の育成・確保」として、明確化・特定化された中核的担い手とともに、自給的・副業的農家を多様な担い手のなかに位置づけている。同大会ではさらに、「地域農業マネージメント機能の充実」をはかるため、「地域農業の担い手として、農協出資の農業法人等の設立をすすめます」として、農地利用調整だけでなく、農地利用そのものに農協が主体的に取り組む方針も打ち出した。

このように、90年代に入って、農協系統は地域の農地所有世帯すべてを包含したかたちでの営農体制の構築を積極的に目指してきた。農協が協同組合組織である以上、組合員農家を規模や属性によって地域農業から切り離すことはありえない。また、中核となる担い手育成の上でも、それら多様な担い手の存在と協力が必要であり、その調整機能を農協が担うことが重要な課題となった。

5. 新基本法以降の農政と農業構造変化への対応

農業環境が大きく変化するなか、99年には「農業基本法」に代わり、新たに「食料・農業・農村基本法」（新基本法）が施行される。農業の発展と農工間の格差解消を目指した旧基本法に代わり、新基本法は①高度化・多様化する需要に対応し、輸入および備蓄と組み合わせた食料の安定供給の確保、②農業・農村の多面的機能の重視、③農業の持続的発展、④生産ならびに生活空間としての農村の振興、とくに条件不利地域への支援策等が政策目標の柱として盛り込まれた。そして、2000年には、供給熱量ベースで食料自給率5割以上を目指すことが適当であるなどとした「食料・農業・農村基本計画」が閣議決定される。また、2002年には米政策の大転換となる米政策改革大綱が制定され、農業者・農業団体が主役となる米需給調整システムの導入が決定した。さらに、2005年には、担い手に施策を集中する経営所得安定対策等大綱が決定される。ただし、食料自給率低下の歯止めを目指した基本計画のもとでも輸入は高

図表6 国内生産量の推移（2000年＝100とした指数）と
供給熱量ベース食料自給率の推移

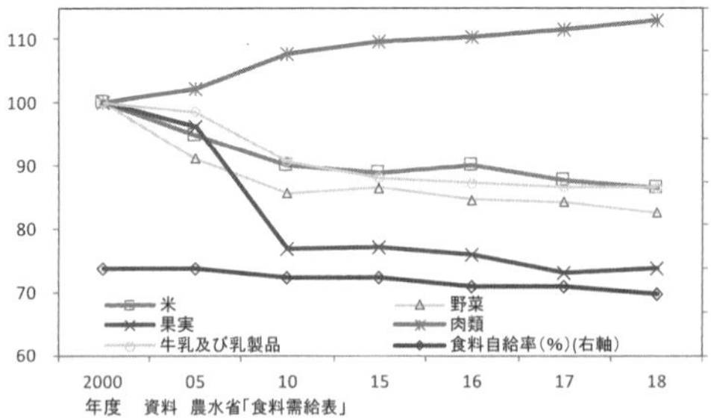

2000 05 10 15 16 17 18
年度 資料 農水省「食料需給表」

米 野菜 果実 肉類 牛乳及び乳製品 食料自給率(%)(右軸)

水準のままで、日本の農業生産は、肉類を除き減少傾向で推移するとともに、食料自給率も低水準が続く（図表6）。また、昭和一ケタ世代農業者のリタイアが本格化するなかで、農業生産基盤の維持が懸念される状況となる一方、需要側ではニーズの多様化とともに、食の安心・安全への関心が急速に高まり、農協系統はこれらの問題への対応が喫緊の課題となっていく。

2000年の第22回JA全国大会では、JAが地域農業振興の核としての役割を果たすため、「地域農業戦略」の策定・実践に取り組むとした。そして、農業の持つ多様な機能を発揮するために担い手の育成・支援が急務の課題とし、地域農業の将来を支える担い手（大規模農家、農業生産法人、集落営農等）を地域農業戦略のなかで明確にし、その育成のための支援を強力に進めるとした。また、安全・安心な食料の供給については、消費者との連携（共生）を進めるフード・フロム・JA運動として、直販に重点置いた「安心システム」や、ファーマーズ・マーケット等を通じた「地産地消」の取組みを進めるとした。

2003年第23回JA全国大会では「安全・安心な農産物の提供と地域農業の振興」が最重要点課題の一つとされ、生産履歴記帳運動の実践等生産・流通段階の「安全・安心」の取組みの強化に取り組む方針が打ち出された。また、地域農業戦略を基本とした米改革の推進において、「担い手の明確化と農地の利用集積等の目標設定」に取り組むとし、農協も地域の合意を基本に、地域実態に応じた具体的な担い手を明確化し、農地の利用集積目標の実現をはかっていくとした。さらに、担い手の法人化については、集落営農の段階的な法人化や大規模経営体の法人化支援、担い手不足地域における農協自らの法人設立等に取り組むなど前向きな姿勢を示した。

2006年の第24回JA大会では、地域農業戦略の策定・見直しとその実践とともに、国の品目横断的政策など新たな農業政策の展開に対し、地域実態に即した政策対象となる担い手づくり等に取り組むとした。担い手像としては、具体的に三つの基本形（集落ぐるみ組織型、認定農業者型、オペレーター組織型）を示し、すべてのJAは「担い手づくり戦略」の策

定・実践を通じて、地域の合意形成に基づき、地域実態に即した担い手づくりに取り組んで行くとした。さらに、そうした担い手に対する対応の強化として、出向く体制の確立を進める方針を打ち出した。また、食の安全・安心対策としては、改正食品衛生法（ポジティブリスト制）導入にともなう残留農薬への対応やGAP導入への対応等を、先の生産履歴記帳運動と並行して進めるとして、その深化がみられている。

2009年第25回JA大会では、農業生産額と農業所得増大のため、「JA地域農業戦略」の見直し・策定に取り組むとともに、同時期の農地法等改正にも対応し、それら戦略の基礎として農地利用長期ビジョンを策定することとした。また、地域を担う多様な担い手への支援とともに、担い手に出向く体制の一層の強化も打ち出され、さらにJA自らのもしくは出資法人を通じての農業経営の取組みも進めるとした。一方、食の安全・安心については、ファーマーズ・マーケットを中心とした地産地消運動ともに、JAグループが一体となった生産・流通・顔の見える販売体制「JAグループ安全・安心ネットワーク」を構築するとした。

2012年第26回大会では、農家組合員が主体となり、JAと行政等が一体となった支援体制のもとで、地域農業と農地を維持継承するため話し合い「地域営農ビジョン」を作成し、JA生産販売戦略等とあわせて従来の「JA地域農業戦略」を強化・再構築する方針を打ち出した。なお、「地域営農ビジョン」の取組みは、人と農地の問題を一体的に解決するため国が2011年に導入した「人・農地プラン」を包括するものであった。

2015年第27回大会では、国が提起した「農協改革」への対応が議論された。国は、2014年6月改訂の「農林水産業・地域の活力創造プラン」で農業・農村の所得を今後10年間での倍増を目指す農政改革の一環として「農協改革」の推進を決定した。そこでは、「農協が農業者の所得向上に向けた経済活動を積極的に行える組織となると思える改革とすることが必須」とされた。

第27回大会では、国の打ち出した「農協改革」に対して、JAグループが2014年11月に決定した「JAグループ自己改革について」の基本目標、「農業者の所得増大」「農業生産の拡大」「地域の活性化」に施策領域を

絞り込んだ。

　最重点分野は六つあり、①担い手経営体のニーズに応える個別対応、②マーケットインに基づく生産・販売事業方式への転換、③付加価値の増大と新たな需要開拓への挑戦、④生産資材価格引き下げと低コスト生産技術の確立・普及、⑤新たな担い手の育成や担い手のレベルアップ対策、⑥営農・経済事業への経営資源のシフトである。それらの組み合わせにより、農業者の所得増大と農業生産の拡大に取り組むとした。

　2019年の第28回大会でも、上記六つの分野は、農協系統の総合事業性をより活かすかたちで、引き続き取り組む方針が打ち出されている。

6. 変革期にある JA 営農経済事業

　今回みたように、農協の営農経済事業は戦後の食糧難克服や基本法農政のもとでの農業生産力拡大に大きく貢献した。しかし、80年代後半に国内生産力がピークを迎えて以降、貿易自由化による輸入増大、人口動態の変化による国内需要そのものの停滞や、高齢化等による国内生産基盤の縮小にも直面し、その環境変化に対応した変革が課題となった。

　2000年以降の農協の営農経済事業について、全体的な動きと特徴的な取組みを整理したものが図表7、図表8である。先にみたように2000年以降日本の国内農業生産は減少傾向で推移しているが、農協の販売取扱高は2010年代前半をボトムに増加に転じた品目もみられる。また、農協の営農経済事業体制は、農協出資農業法人や直売所の増加がみられる一

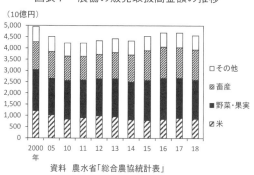

図表7　農協の販売取扱高金額の推移

資料　農水省「総合農協統計表」

方、個別品目の業種別生産組織や共同利用施設は減少傾向にある。ただし、地域全体での農業振興にかかる集落営農数は増加している。また、営農指導員も減少しているが、その減少率は、公的な技術指導組織である普及指導員に比べ小幅にとどまる。

　このように、農産物輸入増加や高齢化・離農等による生産基盤縮小圧力に対し、農協は生産組織や共同利用施設（機能高度化を含む）の再編統合、農協出資農業法人の設立、集落営農組織等の担い手育成で影響を最小限にとどめる一方、公的な普及組織が大きく縮小するなかで、営農指導体制を維持し、地域の担い手の育成や経営支援、新たな課題である食の安全・安心等の多角化・多様化するニーズへ対応してきた。

　これらの取組みは現在進行中であり、たとえば、出資法人が新規就農者の育成やICT導入のモデル事業に取り組むケースや、売上数十億円に達する直売所の出現、さらに、営農指導も担い手経営体への経営支援は当然として、安全・安心対策でのGAP取得や、ブランドづくりでの地域団体商標・地理的表示の登録支援など、高度化・多様化が進んでいる。

　こうした多様かつ大規模な取組みは、営農指導・生産・流通・販売にかかるあらゆる機能を持つ農協系だからこそ可能になっている。2000年代に入り、昭和一ケタ世代農業者の退出が一気に進むなかで、これらの取組みがなければ、日本農業は危機的な状況に陥った可能性は高いであろう。そして、農協の農産物販売取扱高の合計額は2015、16年度前年増加に転じ、直近の課題である買取販売についても16年度は前年比10%

図表8　農協の営農経済事業に関する組織・施設等

	業種別生産組織（組織）	ライスセンター（か所）	青果物加工施設（か所）	農機サービスステーション（か所）	直売所（か所）	農協出資農業法人（法人）	営農指導員数（人）	普及職員設置数（人）	集落営農数（集落営農）
2005年度	20,471	1,747	459	1,582	1,185	174	14,385	8,886	10,063
2010	18,773	1,619	452	1,316	1,472	369	14,459	7,656	13,577
2015	17,586	1,516	413	1,232	1,510	594	13,893	7,352	14,853
2017	16,923	1,486	393	1,192	1,513	639	13,669	7,331	15,136
2018	16,649	1,473	389	1,179	1,494	648	13,507	7,292	15,111
18/05増加（%）	△ 19	△ 16	△ 15	△ 25	26	272	△ 6	△ 18	50

資料　農水省「総合農協統計表」、「集落営農実態調査」、「協同農業普及事業をめぐる情勢」、JA全中資料

近く増加している。足元で進められている JA 自己改革の目標である農業者の所得増大、農業生産の拡大の取組みは、こうした農協系統の総合力を顕在化させる非常に重要な機会ともいえ、そのなかで農協の営農経済事業が果たす役割はさらに高まっていこう。

※本章は『日本の農業・地域社会における農協の役割と将来展望（上）』（農林金融2006年6月号）第二章の拙稿「農業構造問題と農協の役割」を大幅に加筆・修正したものである。

（参考文献）

太田原高昭「戦後復興期の農業協同組合」（北海学園大学経済論集　第55巻第２号（2007年９月））

太田原高昭「農基法農政下の農業協同組合」（北海学園大学経済論集　第55巻第３号（2007年12月））

阿部信彦編『金融・経済・農林水産業・系統団体の姿』協同セミナー（2000年）

梶井功・高橋正郎編著『集団的農用地利用―新しい土地利用秩序を目指して―』筑波書房（1983年）

梶井功編著『農業改革の理論』農林統計協会　（1988年）

木原久「地域農業再編と農協の役割―集落営農組織育成の今日的意味―」『農林金融』（2000年５月）

協同組合経営研究所・農業協同組合制度史編纂委員会『新・農業協同組合制度史』１～３巻（1996、97年）

近藤博彦『農協の農業戦略』全国協同出版（2001年）

全国農業協同組合中央会『農業協同組合年鑑』各年版

武内哲夫・太田原高昭『食糧・農業問題全集７　明日の農協』農山漁村文化協会（1986年）

永田恵十郎・波多野忠雄編著『土地利用型農業の再構築と農協』農山漁村文化協会（1995年）

日本村落研究学会編『日本農業・農村の史的展開と農政』農山漁村文化協会（2001年）

農林行政を考える会編著『21世紀日本農政の課題―日本農業の現段階と新基本法―』農林統計協会（1998年）

尾中謙治「農協における農産物の地域団体商標登録の効果と課題」『農林金融』（2017年11月）

第3章

津波被災地の農業復興における
JAの営農経済事業の役割

斉藤　由理子

はじめに

　2011年3月。東日本大震災によって津波被災地の農業生産は停止した。太平洋に面した農地に津波が押し寄せ、津波は川をのぼって、川の両面に広がる農地も飲み込んだ。排水機場が損壊し、農地は浸水し、長い時間をかけて作られてきた肥沃な作土がはぎとられ、津波と一緒にがれきが運ばれた。農業用施設や機械は流され、壊れ、また水をかぶり使えない状態となった。多くの農業者の尊い命が失われた。住まいが流され、集落に住むことができなくなり、地域を離れる農業者もいた。兼業農家では、農業以外の職業の場がなくなったことで、農業の継続がむずかしくなることもあった。農地、農機が使えないことに加え、様々な理由で農業経営を営むことができなくなった。商品がない、集出荷場が損壊したなどで、農産物の流通も停止した。

　こうした状態から、自立した農業経営が営まれ、持続可能な地域農業を実現した過程が農業復興である。東日本大震災の発災から9年が過ぎた19年現在、東北の津波被災地のほとんどの農地では営農が再開している。

　震災後、農業を再開したいという意思を持つ農業者に対して、行政、民間企業、個人が様々な支援を行ってきた。そのなかでJAはどのよう

な役割を果たしてきたのかを振り返ることとしたい。

1．被災地の農業被害と復旧・復興の状況

　東日本大震災による農業被害額は、農業用施設等の損壊（18,186か所）と農地の損壊（17,906か所）を中心に、全体で9,049億円にのぼる。このうちもっとも被害額が大きかったのは宮城県で、5,505億円と6割を占めている。

　津波被災農地は岩手、宮城、福島の3県合計で20,530ha。このうち宮城県が14,340haと7割を占めた。18年度までに復旧した農地は17,200haで復旧対象農地の91.2％と9割近くまで復旧は進んでいる。県別の復旧農地の割合をみると、岩手県は100％、宮城県が99.3％と農地の復旧はおわりに近づいているが、福島県はなお66.5％にとどまっている（図表1）。

　図表2は11年と18年の被災市町村の農業産出額を比較したものである。3県の被災市町村合計の農業産出額は11年の804億円から1,112億円へ38.5％増加した。岩手県は66.8％増、宮城県は40.2％増、福島県では15.5％減少である。県全体では、3県とも11年の水準を上回り、岩手、宮城では震災前年の10年の水準も上回っている。第3節で紹介するJA南三陸管内の気仙沼市と南三陸町の農業産出額も、17年には11年に比べ25.1％増加している。

　農地、農業産出額のデータから、震災からの農業復興は、福島県を除いて、かなりの程度進んだということができるだろう。

　一方、図表3で、この3県の沿海市区町村の農林業経営体数を、震災の11年をはさんだ10年と15年で比較すると、10年には3県合計で35,192

図表1　被災3県の農業関係被害額と津波被災農地面積

（単位　億円、ha、％）

	農業関係被害額	津波被災農地面積	転用除く復旧対象農地(a)	営農再開面積(18年度まで)(b)	営農再開可能面積(19年度見込み)	営農再開面積(18年度まで)の割合
岩手県	688	730	550	550	0	100.0
宮城県	5,505	14,340	13,710	13,610	60	99.3
福島県	2,395	5,460	4,570	3,040	210	66.5
3県合計	8,588	20,530	18,850	17,200	270	91.2

出所　農林水産省東北農政局「農業・農村の復興・再生に向けた取組と動き」令和2年1月

経営体であったが、15年には21,680経営体となり、5年前を100％とすると61.6％となり、4割減少した。15年の内陸市区町村の農林業経営体数は10年の80.5％と2割の減少にとどまっており、沿海市区町村の減少率とは2割の開きがある。沿海市区町村では、農業者の高齢化等によるリタイアにとどまらず、津波被害により農業経営の継続をあきらめた農業者が多数存在したことが読み取れる。

3県の津波被災農地の18年度までの復旧面積の割合が9割であるのに対して、2015年の沿海市町村の農業経営体数は震災前の6割まで減少している。この復旧した農地面積の割合と継続した農業経営体数の割合の

図表2　被災市町村の農業産出額

（単位　億円、％）

	2010年	11年	18年	増減率 (18/11)	増減率 (18/10)
岩手県合計	2,287	2,387	2,727	14.2	19.2
被災市町村合計	・・・	308	513	66.8	・・・
宮城県合計	1,679	1,641	1,939	18.2	15.5
被災市町村合計	・・・	322	451	40.2	・・・
気仙沼市①	・・・	15	18	24.8	・・・
南三陸町②	・・・	10	12	24.5	・・・
①＋②	・・・	24	30	24.7	・・・
福島県合計	2,330	1,851	2,113	14.2	△ 9.3
被災市町村合計	・・・	174	147	△ 15.5	・・・
3県被災市町村合計	・・・	804	1,112	38.3	・・・

資料　農水省「平成23年被災市町村別農業産出額」，同「平成29年市町村別農業産出額（推計）」「生産農業所得統計」
（注）被災市町村は「平成23年被災市町村別農業産出額」の対象市町村。

図表3　被災3県の農林業経営体の経営状況の変化

（単位　経営体、％）

		2010年農林業経営体	継続経営体(a)	休廃業等	新規経営体(b)	2015年農林業経営体(a+b)
実数	被災3県計	183,315	136,192	47,123	4,724	140,916
	沿海市区町村	35,192	20,851	14,341	829	21,680
	内陸市区町村	148,123	115,322	32,801	3,914	119,236
構成比	被災3県計	100.0	74.3	25.7	2.6	76.9
	沿海市区町村	100.0	59.2	40.8	2.4	61.6
	内陸市区町村	100.0	77.9	22.1	2.6	80.5

資料　農林水産省「2015年農林業センサス結果の概要（概数値）」

乖離は、農業復興を機に農地の集約化や経営の大規模化が行われて担い
手が絞り込まれたことと、震災後に離農した多くの農業者の存在を示す
ものである。

２．JA による農業復興支援

　こうした農業復興に JA はどのように関与し、寄与してきたか。図表
4 は、JA の取組みと国の復興関連施策を並べてまとめたものである。
　第 1 に、JA は、農業者の営農に関する意向を把握し、それに基づき
個別の対応をするとともに復興計画等を策定した。震災直後から農家か
らの相談に JA は積極的に対応した。相談や要望について、個別に対応
することにとどまらず、アンケート等で農家の営農意向や要望を把握し、
さらに、農家の話し合いを含めて、農家の意向をとりまとめた。これら
を地域農業についての合意形成の基礎とし、そうした営農意向に基づい
て JA は自らの復興計画や地域農業計画を作成した。
　第 2 に、農業経営体に対する経営支援である。営農再開前の計画策定
支援、営農再開後の技術指導、経営指導、農産物の販売、生産資材の提

図表4　農業復興にかかる JA の取組みと国の復興関連施策

JAの取り組み	復興関連施策
Ⅰ　農業者の意向把握と復興計画等の策定	
農家からの相談対応 農家の営農意向・要望調査 農家の意向を反映したJAの復興計画策定	地域農業経営再開支援事業（経営再開マスタープランの作成）
Ⅱ　農業経営体の経営支援	
営農再開後の営農指導 販売戦略・販路開拓 農産物の販売 生産資材の提供	農業改良普及センターによる技術・経営指導
Ⅲ　生産基盤の整備	
a　農業用施設・機械の整備	
農業施設設備・リース事業の支援（JA,JAグループ） JAが農業生産対策交付金の事業実施主体となる場合もあった。受け皿組織の設立支援 復興交付金事業への農家の意向反映と受け皿組織の設立支援	東日本大震災農業生産対策交付金（農業資材や共同利用施設、機械等導入） 東日本大震災復興交付金（事業実施主体は市町村、農業用施設や農業用機械を貸与）
b　農地の復旧・整備	
復興組合の設立、運営事務支援 農地所有者の意向確認や合意形成支援 担い手の意向把握や合意形成支援 土壌調査 除塩作業支援	被災農家経営再開事業 災害復旧事業（原形復旧が原則） 東日本大震災復興交付金（農地の大区画化等の整備）

資料　内田（2016）を参考に筆者作成

35

供などの必要な支援が行われた。震災後に設立された法人等の組織には、設立時の支援から、経営体制の整備も含め、早期の経営安定化のために営農指導、経営指導などを農業改良普及センターとともに集中的に行った。JA グループの開催する商談会による販路開拓など、販売戦略の提案や販売を踏まえた営農指導は JA ならではといえるだろう。

　第3に、農業用施設・機械や農地などの生産基盤の整備については、東日本大震災農業生産対策交付金事業（以下、農業生産対策交付金）や東日本大震災復興交付金事業（以下、復興交付金）など、国の事業によって行われたが、JA はそれらの事業を農業者が活用するための条件整備を行った。

　このうち、まず、農業用施設・機械の整備についてみると、農業生産対策交付金事業は、実施主体が JA や農業生産法人であり、施設や農業用機械の貸与を受ける受益農家および事業参加者は原則5戸以上、知事特認で3戸以上となった。このため、この事業の利用に際して、JA が実施主体となることや受益農家の組織化について JA が主導することが多かった。

　復興交付金（被災地域農業復興総合支援事業　C－4事業）は、事業実施主体は市町村であり、個人の農業者も農業用施設や農業用機械の貸与を受けることができる。この場合、JA は復興交付金の受け皿となる経営体の組織化を支援し、また同事業で建設された施設の運営を受託することもあった。

　次に、農地復旧に係る国の事業はおもに、①営農再開までの所得確保のため共同で農地再生に取り組む被災農家に復興組合等を通じてその活動に応じて支援金を出す「被災農家経営再開支援事業」、②県等が事業主体となり3年以内の農地の現状復旧を目指す「農地災害復旧事業」、③市町村が事業主体となって5年以内に基盤整備による農地復旧を目指す「復興交付金事業（農山漁村地域復興基盤総合整備事業　C－1事業)」の三つであった。

　被災農家経営再開支援事業は、早期の営農再開がむずかしい農業者の収入確保のために、農家による農地復旧のための共同作業等に対して支

援金を交付するものである。支援金を受けるには地域農業復興組合の設立が必要だが、その設立や運営を JA は支援した。

　農地災害復旧事業においても、農地所有者や担い手の意向把握や合意形成について、JA は関係機関とともに支援したが、復興交付金事業は、大区画化などの圃場整備に活用されたため、その合意形成は重要であり、事業の実施、換地、整備後の営農態勢等についての地域の話し合いには、農業改良普及センターや土地改良区とともに JA が参加して、調整をはかった。JA が農地利用集積円滑化団体として農地集積に取り組む場合もあった。

３．JA 南三陸の営農経済事業による農業復興支援

(1)　JA 南三陸の管内の概要と被害状況

　JA 南三陸（以下本節では JA）は、宮城県の北東部に位置し、気仙沼市、本吉郡南三陸町および内陸部の登米市津山町を管内とする。気仙沼市と南三陸町は全域が中山間地域である。東側の太平洋沿岸はリアス式海岸となっており、西側は北上山地の支脈に囲まれている。

　18年度末の JA の組合員数は10,492、うち正組合員は5,271である。農業は野菜、畜産、米が中心であるが、管内は水産業がおもな産業で、農家は水産業や水産加工業等に従事しながら小規模農業を営む者が大半である。気仙沼市と南三陸町の農業経営体あたり平均耕作面積は0.9ha と小規模であり、その耕地のほとんどが中山間地に散在している。また、

図表5　気仙沼市と南三陸町の農家数（2010年と2015年の比較）

（経営体、戸、％、人）

		総農家数	販売農家(a)	うち販売金額100万円未満(b)	販売農家に占める割合(a)/(b)	自給的農家	農業就業人口（販売農家）
2010年	気仙沼市	2,799	1,447	1,267	87.6	1,352	2,029
	南三陸町	1,138	591	459	77.7	547	803
	計	3,937	2,038	1,726	84.7	1,899	2,832
2015年	気仙沼市	2,031	860	748	87.0	1,171	1,180
	南三陸町	641	298	222	74.5	343	425
	計	2,672	1,158	970	83.8	1,514	1,605
増減率	気仙沼市	△ 27.4	△ 40.6	△ 41.0		△ 13.4	△ 41.8
	南三陸町	△ 43.7	△ 49.6	△ 51.6		△ 37.3	△ 47.1
	計	△ 32.1	△ 43.2	△ 43.8		△ 20.3	△ 43.3

資料　農水省「2010年世界農林業センサス」「2015年農林業センサス」

気仙沼市と南三陸町の合計では、15年の販売農家のうち年間の販売金額100万円未満が8割を占めている。

東日本大震災によって、管内の耕作面積（水田と畑）2,510haの44％にあたる1,105haが津波被害を受けた。うち水田が557ha、畑が548haである。農業用の施設、機械も含めた農業関係の被害額は、気仙沼市と南三陸町の合計で56億円にのぼった。震災後の15年には、販売農家数は10年に比べ、4割減少したが、販売農家の大部分を小規模農家が占めるという構造は変化していない（図表5）。

(2)　農業者の営農意向の把握と復興計画の策定

営農指導員が農家に出向く、あるいは農家がJAに相談する場合もあったが、JAは被災農家からの個別の相談に対応した。それだけでなく、2011年6月には、営農再開に向けた担い手認定農業者相談会、同じ月に実行組合長会議を開催し、7月には21、22、25日に組合員座談会を開催して、農業者の意向を把握している。

さらに、同年7月中旬から8月中旬にかけては組合員アンケート調査を実施した。アンケートの対象はJAの総代177名、総代以外の組合員75名、合計252名であった。アンケートの結果、回答者の7割以上が農業経営の継続を望んでいた。

これらの結果を踏まえ、またJAを含めた農業関係機関による「JA南三陸東日本大震災農業復興プロジェクトチーム」の提言と、宮城県気仙沼地方振興事務所主催の「気仙沼本吉地域農業・復興計画策定推進プロジェクト」の協議内容も参考にして、「JA南三陸震災復興計画」を策定し、12年3月の臨時総代会で報告した。

震災復興計画では、農業生産分野の基本目標を「園芸と畜産振興を核とした新たな南三陸型農業を構築し、地域農業の持続的発展をめざします」とし、重点項目を①被災農地の復旧と組合員の営農再開支援、②農業施設・機械の共同利用化による経営力の強化、③園芸と畜産振興による新たな農業モデルの構築、④地域農業を支える多様な担い手の育成、として、地域農業の復旧・復興に取り組むこととした。

(3)　ブランドと産地の再生に向けた支援

　震災前から JA は、農産物の産地化、ブランド化を進めてきた。ほうれん草や小松菜の裏作として冬から春にかけて栽培する菜花、春立ち菜、アスパラ菜、ちぢみほうれんそうなどを「春告げやさい」と名づけ、「春告げ」を登録商標として JA が商標登録を行っている。輪菊「黄金郷」は震災前には宮城県一の菊の産地であり、また、「気仙沼茶豆」もブランド化に取り組み、「気仙沼いちご」も産地であった。

　「南三陸米」は JA 管内で作られるひとめぼれの 1 等米に限定してブランド化し、地元行政を含めた南三陸米地産地消協議会で小学生の図画コンクール、田の生き物調査、新米試食会を行ってきた。

　震災後、JA は後述のリース事業などによって、被災した農家の営農再開を支援して、これらのブランドと産地の再生をはかっており、さらに新たな品目にも取り組んでいる。

　震災後の土壌改良を課題として抱える同地域では、土壌に左右されない水耕栽培の全農のブランドミニトマト「アンジェレ」を導入し、また圃場整備後の農地では塩害に強いねぎの生産も開始した。ねぎは業務加工用として、おもに全農県本部を介して加工業者に販売している。

　JA によるブランド化の推進を、キリン絆プロジェクトによる支援も後押しした。キリン絆プロジェクトは、キリングループが東日本大震災の復興支援に継続的に取り組むプロジェクトであり、農業分野では、12 年までの復興支援第 1 ステージ（ハード面の支援）において、岩手県、宮城県、福島県の農家に対して、農業機械の提供などによる営農再開の支援を行った。13 年からは第 2 ステージとしてソフト面の支援を実施、農作物の地域ブランドの育成支援も行った。

　JA 南三陸管内では、第 1 ステージで農業用機械の購入費の提供を受け、第 2 ステージでは、「気仙沼茶豆」の生産拡大および販売促進、ミニトマト「アンジェレ」の栽培、「春告げやさい」の生産振興と 6 次産業化について支援を受けた。

　販売促進や 6 次化につながる支援としては、たとえば、気仙沼茶豆を生のまま袋に入れ電子レンジにいれ 5 分間温めれば食べられる「すぐ食

ベレンジ」、春告げやさいの「春告げの国」と印刷されたパッケージ、春告げやさいの栽培マニュアル、南三陸キラキラ春告げ丼ののぼりもこのプロジェクトの助成を受けて作られた。「気仙沼茶豆」「アンジェレ」の大収穫祭と「春告げやさい関連商品試食会」はプロジェクトの助成を受け開催され、テレビ等でも報道された。

　春告げやさいが色違いのパッケージで販売されるだけでなく、「春告げ」の名を冠した様々な商品が生まれている。南三陸キラキラ春告げ丼は、南三陸の魚介類と春告げやさいを使ったどんぶりで、南三陸町の飲食店のそれぞれが工夫をこらした盛りつけで提供している。春告げやさいをテーマにしたご当地スイーツコンテストを開催し、最優秀作品の「春告げろーる」が商品化された。JA南三陸管内の酒米を使い1-2月に出荷する「春告げの酒」、かまぼこに春告げやさいを練りこんだ「春告げ天」など、地域の企業が様々な商品の開発に取り組んできた。

⑷　リース事業の展開による営農再開支援

　津波で被災した農家が営農を再開するためには、農地の復旧に加え、農業用施設、農業用機械、生産資材を新たに整備することが必要になる。農業の継続を希望する農業者が早期に営農を再開をするために、JAは農業生産対策交付金等を活用して、農業用の施設・機械、生産資材を取得して、リース方式によって貸与した。また、農業生産対策交付金は受益農家が原則5名以上、知事特認で3名以上が要件であったため、生産者の組織化をあわせて進めた。

　図表6は、そのリストであり、気仙沼茶豆の階上大矢地区生産組合、菊の南三陸町復興組合「華」、いちごの階上いちご復興組合と南三陸町いちご生産組合など、前述のブランドや産地の復活をはかるものが含まれている。また、南三陸町あぐり第一復興組合の星組合長は、震災前には菊を生産していたが、地域の雇用確保を目的として新たに周年生産の可能な小松菜の栽培に取り組んだ。

　このうち、「南三陸町復興組合『華』」（以下、「華」）による輪菊生産の再開とJAの支援について紹介する。

「華」は南三陸町の輪菊の生産者４名を構成員とする任意組織である。震災前、南三陸町の菊は「黄金郷」のブランドで県内一の生産量であった。構成員の父たちが中心となって30年ほど前に菊を導入し産地化したが、４名の構成員が営農する田尻畑地区では、津波によりハウスも機械もすべて流出し、がれきが流れ込んだ。

震災後の2011年４月に、３名の被災した生産者が輪菊栽培の再開について話し合いをはじめ、７月には、さらに１名の生産者が加わり、JAと農業改良普及センターも入って、第１回の「南三陸輪菊若手生産者意見交換会」が開催された。数回の意見交換会を経て、JA が事業主体となり、農業生産対策交付金（あわせて宮城県の補助金、JA の支援金）を活用して、農地を整備するとともに、菊の栽培施設の建設およびトラクタや選花機等の農業機械、さらに生産資材を導入して、施設等を生産者にリースすることとなった。

同年11月に「華」は設立され、12年６月には施設が完成した。

JA の支援は、組織設立時の支援、交付金を活用した施設や農機の導入に加え、生産再開後の灯油価格高騰時には資材費の助成を行った。ま

図表６　東日本大震災農業生産対策交付金事業（リース事業のみ）

事業項目	対象地区	事業区分	事業規模（千円）	リース先（対象者数）	完成・営農開始年月
農業機械の共同利用	階上、大谷	機械の導入	32,356	階上大谷地区生産組合（5名）	H23/7完成 H23/9営農開始
畜舎・機械の共同利用	戸倉	施設・機械の導入	80,836	南三陸あぐり第一復興組合（3名）	H24/6完成 H24/6営農開始
いちご生産施設	階上	施設・機械の導入、生産資材の導入	154,201	階上いちご復興生産組合（3名）	H24/5完成 H24/6営農開始
いちご生産施設	志津川	施設・機械の導入、生産資材の導入	47,650	南三陸町いちご生産組合（3名）	H23/10完成 H23/10営農開始
野菜生産施設（ほうれん草、小松菜）	戸倉	施設・機械の導入、生産資材の導入	108,849	南三陸あぐり第一復興組合（3名）	H24/5完成 H24/6営農開始
花卉施設	志津川	施設・機械の導入、生産資材の導入	501,028	南三陸町復興組合・華（4名）	H24/6完成 H24/7営農開始

資料　南三陸農業協同組合（2015）
（注）上記以外にJAの共同利用施設と農業者が事業実施主体となったものがある。

た販売はJAを通じた市場出荷が中心であり、全農が主催した復興商談会を契機に、JAが紹介したスーパーにも菊を花束にして出荷することになった。15年にはJAの花卉生産協議会が設立された。

　震災後に菊生産者は10名となったが、18年の協議会会員は17名と、生産者数は増加している。協議会では、栽培研修会、市場視察やフラワーアレンジメントのイベントを開催し、JAは協議会の運営を支援している。さらにJAは生産者の巡回指導、出荷目揃え会の開催、出荷市場への情報提供などを行っている。

⑸　農地復旧と圃場整備

　「被災農家経営再開支援事業」については気仙沼市と南三陸町にそれぞれ復興組合が設立され、JAはその組合員の募集活動・会議資料作成・賃金の支払い事務等の事務支援を行った。

　この地域では、まとまりのある農用地区域においては、農地災害復旧事業とあわせて復興交付金を活用した圃場整備（区画整理）が行われ、気仙沼地区4工区、南三陸地区6工区、あわせて10工区で140.8haの農地整備が実施された。

　2018年6月時点で、17年春までの営農再開は81％、18年春までの営農再開は95％であり、この地域の農地復旧は宮城県の他地域に比べて遅れ、また当初の予定よりも遅れている。まとまった農用地区域の面積が小規模なため、採算性から業者がなかなか農地の復旧工事に応札しなかったといわれる。また、市街地の奥に農地が散在していることが多く、そこに津波が川を上って押し寄せ農地をはぎとったのち、市街地からがれきを運び込んだ。このため、がれきの除去に時間がかかった。

　また表土をはぎ取り新たな土を入れなくてはならず、表土としての良質な客土材の確保もむずかしかったため、山土を運び入れたところでは石礫が多く、また湿害対策などでも補完工事が必要な工区があった。山土の客土による地力不足も問題となり、農業改良普及センターは土壌改良剤や堆肥の投与を行う土壌改良プログラムを作成し、実施している。

　各工区には、地権者組合である農用地利用改善組合と、復興交付金の

受け皿である担い手組織として営農組合や機械利用組合等が設立された。
それぞれの設立にあたっては、会議での説明やアンケートの実施など、
JA は積極的に関与した。被災農家は高齢化が進み、また水産業との兼
業も多く、さらに一つの工区が平均14ha と小規模であったことから、
担い手の確保には時間がかかった。地権者が多いために圃場整備の実施
までに時間がかかった場合もあった。

⑹　震災前と震災後の JA の営農経済事業の変化

　前述のとおり、震災後、地域の販売農家数は４割減少したが、一方、
リース事業等による大規模な園芸施設が建設され、また圃場整備事業に
よる農地の集積が行われたため、その受け皿となる法人や集落営農組織
等、より規模の大きな組織が次々に設立された。

　震災前には JA が関係していた法人は数少なかったが、震災後はこれ
らの組織対応が新たな課題となったため、14年10月に、営農生活部営農
販売課に「農業復興・担い手サポート班」が設置された。班長を含め班
員は営農指導員の資格を持ち、それぞれが米、野菜、菊・ねぎ、いちご
など専門の担当を持って、上記の組織に対してより専門性の高い、集中
した対応を行っている。一方、３か所の営農センターは個人の農業者へ

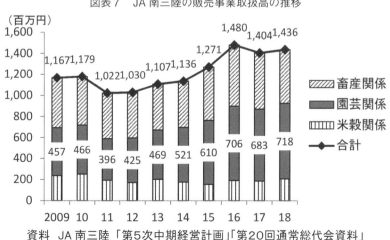

図表７　JA 南三陸の販売事業取扱高の推移

資料　JA 南三陸「第５次中期経営計画」「第20回通常総代会資料」

の対応を続けている。春告げやさいは小規模農家が主な担い手であるため、JAは講習会の実施などによる生産拡大に取り組んでいる。

　JA南三陸の販売事業取扱高（図表7）は10年の11億円から震災後の11年、12年には10億円台に減少したが、15年には12億円と震災前を上回り、16〜18年は14億円台で推移している。その増加の中心は園芸であり、小松菜、いちご、菊、米の生産の回復、新たに取り組んだねぎやトマトの生産拡大も加わった結果である。また、小規模農家だけでなく、震災後設立された比較的規模の大きな組織とJAの関係が密接であることも反映したものと考えられる。

おわりに―人々を惹きつけるJA南三陸の挑戦―

　農業復興の主役はいうまでもなく農業者である。JA南三陸管内は、震災前から高齢化と人口減少が進み、農家数も減少していたが、震災後の数年間でさらに農家数は大幅に減少した。しかし、農業を再開する、産地を復活させるという農業者の強い思いは形となって実を結び、地域全体としても農業生産の拡大、JA販売取扱高の増加となって表れている。

　とくに、若い農業者の活躍が目立ち、離農で減少した地域の農業生産を補うように生産を拡げる姿もみられる。

　震災後、時間が経過するにつれ、高齢者を中心に、ともすれば営農再開にかける思いが弱まる状況もみられるなかで、JA南三陸が事業主体となって施設・機械を整備して農業者に貸与したことは、施設園芸を中心に早期の経営再開と産地の復活を可能にした。JA南三陸にとっては過去の投資額を大きく上回る投資規模であり、挑戦であったともいえる。

　管内の農産物の産地やブランドは、農家やJAが過去に行った挑戦の蓄積でもある。輪菊の「黄金郷」は葉タバコからの転換をはかった何人かの農家によって生まれ、「春告げやさい」はほうれん草などの裏作となって冬から春に出荷するいくつかの野菜をまとめてネーミングし、JAが商標登録まで行った。

　管内の気仙沼市と南三陸町は全域が中山間地域であり、まとまった農地は狭く、小規模兼業農家が中心と、農業振興には厳しい環境である。

そのなかで、農家や JA が知恵を出し、農業改良普及センターなども含めた地域が協力し、さらには市場や小売が共感した結果が、これらの産地でありブランドであった。

　産地やブランドの復活は、地域農業の未来の姿をあらわす明確な目標であり、戦略となった。さらにトマトとねぎの新たな産地化など、挑戦は続いている。

　JA 南三陸で農業復興に取り組んできた三浦昭夫氏（現 JA 新みやぎ南三陸地区本部営農経済部長）は、「震災で、JA 職員の農業に向き合う気持ちが一つとなった」と語る。

　地域の企業が「春告げ」を冠した様々な商品を生み出し、また、キリン絆プロジェクトが気仙沼茶豆、アンジェレ、春告げやさいをサポートするなど、ブランドや産地という明確な目標と新たな課題に挑戦し続ける JA のあり方とが、農業者、行政、系統組織はもとより、地域内外の企業、ボランティア等を惹きつけているのではないだろうか。

　2019年 7 月から JA 南三陸は他の 4 JA と合併し、JA 新みやぎとなった。今後はより広域になった管内において、さらなる挑戦が組合員をはじめ地域の関係者を惹きつけていくことと思う。復興の一層の進化とともに、その活躍を期待する。

〈参考文献〉
・阿部國博（2016）「JA 南三陸の 5 年とこれから」『農林金融』3 月
・内田多喜生（2012）「JA 南三陸」家の光協会編『東日本大震災　復興に果たす JA の役割』家の光協会
・内田多喜生（2016）「農業復旧・復興施策と JA の役割」農林中金総合研究所編著『東日本大震災　農業復興はどこまで進んだか　被災地と JA が歩んだ 5 年間』家の光協会
・斉藤由理子（2014）「JA 南三陸の春告げやさい関連商品試食会」『農中総研　調査と情報』5 月号
・斉藤由理子（2016）「組織経営体の農業復興」「むすびにかえて―被災地の農業復興と JA」農林中金総合研究所編著『東日本大震災　農業復興はどこまで進んだか　被災地と JA が歩んだ 5 年間』家の光協会
・南三陸農業協同組合（2011）「JA 南三陸震災復興計画」平成23年11月
・南三陸農業協同組合（2015）「信用事業強化計画の履行状況報告書」平成27年12月
・南三陸農業協同組合（2016）「JA 南三陸第 5 次中期計画〈農業振興計画〉平成28年度～平成30年度」
・宮城県気仙沼地方振興事務所「農業農村整備部の災害復旧復興状況」平成30年 9 月21日

第II部

自己改革における
JA営農経済事業

第4章

JAグループによる
営農経済事業自己改革の背景と実態

長谷（ながたに） 祐（たすく）

1．はじめに

　本章では、今般 JA グループが進めている営農経済事業の「創造的自己改革」について、その背景と取組みの実態について見ていきたい。とくに後半では、地域の JA に主な焦点を当て、そこでの自己改革の実践についてまとめていく。

2．政府による農協改革の要請

　第 I 部の通り、JA グループはその設立からこれまで、農業を巡る課題や環境の変化、農政の方向性にあわせて改革をおこなってきた。そして現在、改めて JA グループが「自己改革」に取り組んでいる背景には、政府からの「農協改革」への要請がある。本節では、自己改革の背景となる、政府での議論の内容を概観していく。

　政府の農協改革の議論は、2013年11月に規制改革会議から提出された「今後の農業改革について」から始まるとされている[※1]。この文書では、時下の農業情勢への危機感をあらわすとともに、今後の農業の目指す方向性として「担い手への農地集積・集約等を通じて農業生産性を飛躍的に拡大させ、本来有するはずの国際競争力を活かしていかなければならない」としている。そして、そのために必要な改革の内容として農業委

員会、農業生産法人、農業協同組合の見直しを求めている。

　また、同年12月に決定された農林水産業・地域の活力創造本部「農林水産業・地域の活力創造プラン」では、「農業の成長産業化に向けた農協の役割」という節が設けられた。この中で、農協が６次産業化や輸出の促進といった「農業の成長産業化」に主体的に取り組めるよう、「農協の在り方、役割等について、その見直しに向けて検討」されることとなった。

　以上の「見直し」の内容は、翌14年に具体化される。５月に規制改革会議農業ワーキング・グループから「農業改革に関する意見」が出され、６月には規制改革会議「規制改革に関する第２次答申〜加速する規制改革〜」の公表、「規制改革実施計画」の閣議決定、「農林水産業・地域の活力創造プラン」の改訂が相次いで実施された。

　これらの提言では文言の差異はあるものの、農協改革の具体的な内容として、中央会制度や理事会の見直し等７項目があげられている。また、規制改革実施計画では「今後５年間を農協改革集中推進期間」として、改革の期限が明確となった。

　上記の改革の具体的内容のなかで、本章の問題意識であるJAグループの営農経済事業に関連する部分としては、「全農等の事業・組織の見直し」「単協の活性化・健全化の推進」があげられよう。前者は全農を株式会社へ移行できるようにすること、後者は単協による有利販売に資する買取販売の拡大と生産資材の有利調達（全農・経済連と他の調達先の徹底比較）の推進である[※2]。

　こうした流れを受けてJAグループでは、11月に「JAグループ自己改革について」を決定し、自己改革に取り組んでいくこととなる。翌15年には改正農協法が成立し、先の営農経済事業関連では、全農も含めた農協系統組織が株式会社へ移行可能とする規定が盛り込まれることとなったが、単位農協の経済事業のあり方については「自己改革の実行を注視」することとして法改正は不要とされた。そして10月の第27回JA全国大会で「創造的自己改革への挑戦」が決議され、JAグループの自己改革への取組みが本格的にスタートする。

　以上、営農経済事業に関する部分に焦点を当てて政府の議論の流れを概観してきた。この分野における政府からの要請は、①全農の組織改革、②単位農協における農産物買取販売の増大、③生産資材調達先の徹底比較であったといえよう。

※1　「規制改革会議」は2010年3月に任期満了でいったん終結していたが、12年12月に成立した第2次安倍内閣のもと13年1月に復活した。その意味でも、現在の農協改革は第2次安倍内閣以降の政策の流れと軌を一にしている。なお、本会議は16年7月に設置期限を迎え、同年9月からは「規制改革推進会議」に引き継がれている。

※2　「単協の活性化・健全化の推進」には信用・共済事業の分離も含まれているが、本章では言及しない。

3．JAグループ「創造的自己改革」の内容

　2014年6月に改訂された「農林水産業・地域の活力創造プラン」では、農協改革の方向性として「農業者、特に担い手からみて、農協が農業者の所得向上に向けた経済活動を積極的に行える組織となると思える改革」「高齢化・過疎化が進む農村社会において、必要なサービスが適切に提供できるようにすることも必要」とされた。この流れを受けて、同年11月にJA全中が示した「JAグループの自己改革について」では、①農業者の所得増大、②農業生産の拡大、③地域の活性化の三つが基本目標にあげられている[3]。そして第27回JA全国大会決議「創造的自己改革の挑戦」では、自己改革の具体的な実施分野が明確にされた。

　基本目標のうち、営農経済事業にかかわるのはいうまでもなく、①農業者の所得増大、②農業生産の拡大であるが、大会決議では、この二つの基本目標に対して盛り込まれた六つの実施分野を最重点分野として、すべてのJAで取り組むことが求められた（図表1）。

　政府が求める「有利販売と生産コストの引き下げ」だけでなく、担い手育成やJA出資型農業法人等を含めた地域農業の生産基盤の維持・拡大など、より長期的な視点から農協の改革を進めていこうとしていることがわかる。

　そして、取組みにあたっては、「組合員と徹底的に話し合い、課題と目標を共有する」とされ、生産部会や集落座談会などを通じて組合員のニーズを把握し、それに対応した施策を中期経営計画や単年度事業計画

に盛り込むこととした。さらに、業績評価指標（KPI）の設定や自己改革工程表の作成により、着実かつ見える形での改革の実践が求められた。

19年の第28回全国大会でも「創造的自己改革の実践」という主題が掲げられ、引き続き三つの基本目標に向けた取組みが進められることとなった。また、上記六つの最重点分野についても、総合事業体としてのJAグループの強みを活かす方向での展開が目指されている。

以下では、この自己改革の実践について、二つの事例から見ていきたい。

※3　この点について斉藤（2018）では「自己改革の範囲は政府の要請に比べ、より広範であり、また担い手だけでなく組合員全体、さらには地域住民の期待も受け止めたものとなっている」と評価している。

4. 営農経済事業改革に向けたJAグループとしての取組み
—JA前橋市と連携したJA全農「農家手取り最大化」—

(1) JA全農「農家手取り最大化」

JA全農では、農業者の所得増大に向けて、「農家手取り最大化」の取

図表1　創造的自己改革の基本目標と重点実施分野

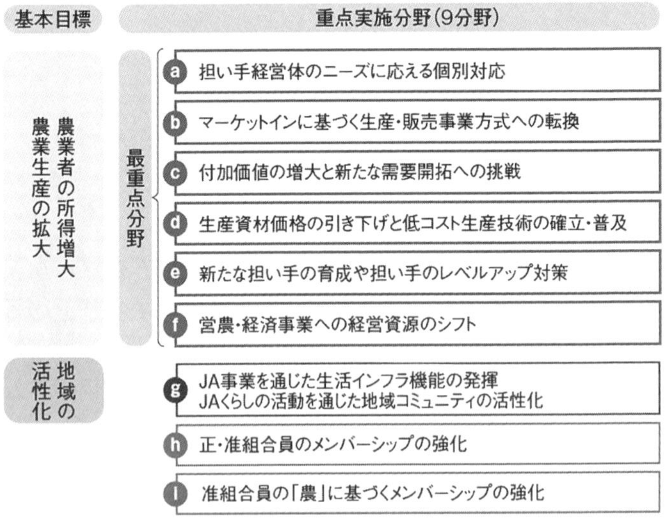

資料　JA全中「第27回JA全国大会　組合員説明資料（PR版）」

組みを進めている。これは、①トータル生産コストの低減、②大規模営農モデルの実証による経営改善、③人材育成を三つの柱としており、JAと全農・経済連がプロジェクト体制を構築して、様々な施策を総合的に動員するという点に特徴がある。

2016年度～18年度には、全国のモデル55JAで取組みが進められた[※4]。本章で紹介するJA前橋市もモデルJAとして農家手取り最大化に参加しており、とくに18年度からは「農家手取り最大化プログラム（以下、プログラム）」として、広く管内の農業者に向けた施策を進めている。

(2)　JA前橋市における取組み

JA前橋市（以下、本節では「JA」とする）は群馬県前橋市を管内としている、組合員約25,000人（正組合員約12,000人、准組合員約13,000人）の農協である。管内は野菜の生産が盛んであり、JAでも以前から重点品目を選定してその振興に取り組んできた。プログラムでは、この重点品目のうち管内で広く栽培されていて、なおかつ栽培年数の短い生産者が多い品目としてナス・ネギを対象に取り組んだ（後にブロッコリー・加工キャベツ・タマネギも対象となった）。

プログラムは、①肥料の最適化、②農薬の最適化、③匠の技伝承プログラムの三つの施策からなり、生産コストの低減（①、②）と担い手のレベルアップ（③）をはかっている。さらに、JAおよび全農ではこのプログラムの実践手法に工夫を加えることで、JA職員の資質向上にもつなげようとしている。これは、プログラムを着実に実施して農家の手取りの最大化を達成するためには、職員の資質向上が不可欠と考えているからである。

以下ではプログラムの三つの施策の内容、およびJAによる人材育成の取組みを紹介する。

a．肥料・農薬の最適化

肥料の最適化は、圃場の土壌分析をおこなったうえでカルテを作成し、最適な施肥を提案するものである。土壌分析そのものはこれまでもJAとして実施してきたものである。しかし、これまでと異なるのは、これ

を「提案」活動として実施している点である。

　JA職員（営農渉外担当）は、対象となる生産者の土壌分析の結果をもとにカルテを作成して最適な施肥を考えるだけでなく、それを生産者のもとへ出向いて説明・提案する必要がある。また、職員の提案力を底上げするために勉強会を実施し、知識向上や行動改善にもつなげている。

　農薬の最適化についても同様である。JAが防除暦を作成して、必要な農薬の一覧表を生産者に提示している点はこれまでと変わらないが、ここでもJA職員がそれぞれの生産者のもとに出向き、本当に必要な農薬を説明・提案する活動を実施している。

　こうした活動の結果、土壌診断を実施する生産者が増加し、肥料や農薬の需要結集が進むとともに、ナスおよびネギの出荷袋数が前年比で大きく増加した。

b．匠の技伝承プログラム

　匠の技伝承プログラムは、「勉強会を通じて、篤農家の技術（匠の技）を中堅生産者に伝える取組み」であるこれまでJAや生産者も感覚的にしか理解していなかった、篤農家の持つ技術や栽培上のポイントを「見える化」し、それを管内の中堅生産者に伝えることで、技術向上につなげようというものである。匠の技伝承プログラムの参加対象となる中堅生産者は、それぞれの品目の栽培を5～10年程度経験していることが一つの目安となる。

　実施に先立って、まずは管内の中堅生産者から参加者を募る。そして参加の意思を表明した生産者から栽培上の悩みを聞きとり、そのポイントについてJAと県の担い手サポートセンターの職員が、篤農家のもとでヒアリングを行なう。ヒアリング結果は、JA職員により文字や画像として資料化（見える化）される。

　勉強会では、この資料をもとにJA職員を講師として座学が行なわれる。その後、グループワークで参加者にそれぞれの取組みについて話をしてもらい意見交換をする。JA職員もグループワークに入り、参加者と悩みや課題を共有する。また、座学のほかにも篤農家の圃場視察も組まれており、学んだ技術をどのように自分の圃場に活かしていくのかを生産

者が考える機会を提供している。

　勉強会後は、JA職員が参加者の実践状況をフォローし、効果の検証や新たな課題の掘り起しをしている。実際に継続的に勉強会を受講したナスの生産者では、収量・販売高ともに前年から大きく増加した。とくに販売高は前年比で63％増加し、JA全体の平均増加率（39％）を上回る結果となった。JAでは今後、対象品目の拡大やカリキュラムの充実をはかっていく予定である。

(3)　職員の意欲醸成のためのワイガヤ

　以上の三つの施策の実践では、JA職員が主体的に活動していることが特徴となっている。肥料・農薬の最適化では、提案活動として土壌分析の結果や防除暦を参考に、各農家に出向いている。匠の技伝承プログラムでも、篤農家が勉強会の講師を務めるのではなく、JA職員が篤農家にヒアリングを実施し、それを資料化した上で参加者に伝えている。JAではこうした主体的な活動を通じて、職員の資質向上を目指しており、それがまたプログラム全体の推進に好影響を与えると考えている。

　一方で、人材育成を進めるには、育成対象の職員側の意欲も重要となる。この点についてJAでは、全農からのアドバイスを受けて、若手職員の集いである「ワイガヤ」を開催している。

　ワイガヤは月に2回程度開催される勉強会で、JAの若手営農渉外担当職員が参加する。管内を五つの営農エリアに区分して、各エリアから参加者が集まってくる。役席者は参加せず、若手職員がその名の通り、ワイワイガヤガヤと自由に発言できる会である。

　ワイガヤの事務局は本所の営農サポート課が担うが、各回のテーマ設定や日程調整は参加者が自主的に行なう。また開催場所も支所や圃場など様々である。

　それまで、エリアによって意識に差があった若手職員であったが、その垣根を超えて交流することが刺激となり、意欲の醸成につながっている。また、ワイガヤでの議論の内容は、半年に一度、役員に報告される。このなかで若手職員から提案が出され、それが実現したこともある。自

分たちの意見が反映されるということが、さらなる意気込みにつながっているという。

※4 2019年度からの3ヶ年については、モデルJAの取組みを共有し、全国に水平展開を進めている。

5．単位農協としての取組み　—JA阿新※5—

(1)　JA阿新による自己改革の方向性

　JA阿新（以下、本節では「JA」とする）は、岡山県北西部の新見市を管内としていた、組合員数約8,200人（正組合員約6,000人、准組合員約2,200人）の農協である。新見市は中山間農業地域であるが、ブドウや桃、和牛の産地としても知られている。

　大規模化による効率的な経営を実現することがむずかしい地域であるため、JAでは自己改革を進めるにあたって「持続可能な農業」を目指すこととしている。そして、そのために（政府が求めるような）生産資材価格の引き下げを進めるよりも、営農相談を充実させることに重点が置かれている。コスト削減一辺倒ではなく、営農相談の充実によってコストをかけた分だけ生産物の品質や収量が上がれば、結果的に農業者の所得が増大するということである。

　営農相談を充実させるためにJAがおこなった改革として、17年4月に新設された「営農経済部」があげられる。営農経済部はそれまで別々の部署であった「農畜産部」と「経済部」の一部を統合して設立された。「農畜産部」は営農指導、「経済部」は生産資材購買事業を担当していたため、営農経済部は営農指導と資材購買を一体化したものといえるが、後述のように、営農経済部の役割はそれにとどまらず農地や担い手対策にも及んでいる。

(2)　営農経済部の設立と利便性の向上

　営農経済部が設立される以前、JAの農畜産部は本店に、経済部は資材倉庫兼配送センター内に設置されていた（本店と資材倉庫は車で約5分の距離）。このため、組合員は農畜産部で営農相談をした後、生産資材

を購買店舗まで購入しに行くか、経済部に注文しに行く必要があった。

　JAでは以前から機構改革を進めており、農畜産部と経済部についても事務所の場所が離れていることによって意思疎通や情報伝達がうまくいっていない、という問題点が指摘されていた。理事会等の議論を経て、17年4月に営農経済部が新設されることが決定された。

　また、JAでは16年4月に管内2店舗目となる新しい購買店舗として「宗金グリーンセンター（以下、宗金GC）」を経済部に隣接する形で設立した。この時、翌年の新部署立ち上げを見越して農畜産部が経済部と同じ建物に移転し、「営農相談センター」が立ち上がった。そして17年4月からは、営農相談センターは営農経済部として機能している。

　宗金GCは資材倉庫に隣接しているために品揃えが豊富であり、店頭に商品がなくても倉庫からすぐに取り出せるようになっている。また、営農経済部で栽培方法や害虫についての相談をした後、それにあった肥料や農薬を隣接する宗金GCで購入できるというメリットがある。

　こうした利便性向上の結果、生産資材の購入に営農経済部および宗金GCを利用する組合員は年々増加している。さらに、客層にも変化がみられるようになった。それまでは資材倉庫が近くにあるため、大型規格の肥料や農薬などを購入のための大規模農業者が利用者のほとんどであったが、現在では彼らに加えて中小規模農家の利用も増加しており、その多くが営農相談と資材購買をセットにして利用している。なかには定年帰農者や少量多品目を生産する農家、農家に嫁いで初めて農業をするので何もわからない、と相談にくる利用者もおり、地域の多様な農業のあり方を支える拠点となっている。

(3)　農業経営事業で地域農業の維持に貢献

　JAが行なう営農経済事業改革のもう一つの目玉は、農業経営事業、つまりJAによる農業の直接経営である。

　この取組みの背景には、地域の高齢化と人口減少、農業の担い手不足があげられる。管内に集落営農組織や大規模な担い手も存在するものの、それでも地域からの農地の貸し出し希望に応えるには不十分な現状があ

る。そこで、JA みずからが農業の担い手となって農地の受け皿となるために、農業経営事業に乗り出した。

この取組みのもう一つの目的は、営農指導の質的向上をはかることである。営農経済部の職員に実際の農業生産をさせることで、知識だけでなく経験に基づいた営農指導を可能にしている。

16年に畜産事業を開始して以降、水稲作、園芸作とその事業の範囲を拡大している。農地の受け皿としての役割がとくに期待されている、水稲作事業について紹介しよう。

JA では、営農経済部内の「農業経営センター」が水田の貸し借りや作業受委託に関する窓口となっている。ここで貸し出しの希望が出た農地については、まずは借り受けを希望する地域内の法人や大規模な担い手に優先的に貸し出される。他方、山間部などの条件不利地で受け手が見つからない農地は、JA が受け皿となって耕作を続けている。

JA が引き受ける際には、圃場整備が完了していることや面積など一定の条件を課してはいるものの、集まる水田は山際の不整形田が多くなる。そこで、JA では、引き受けた水田の一部に小豆を作付け、水田活用の直接支払交付金も利用しながら事業を展開している。

JA というセーフティネットがあることで、水稲作の継続に不安を抱える高齢の組合員にも安心感を与えているという。

※5　JA 阿新は2020年4月に県内の7JAと合併し、「JA 晴れの国岡山」となっている。本節は合併前の取組みであることから、あえてJA 阿新のまま取り扱う。

6．むすびに代えて

(1)　事例の特徴

本章では、JA グループが進める「創造的自己改革」について、その背景にある政府からの「農協改革」への要請と創造的自己改革の内容、地域農協での実践について述べた。現在、全国で自己改革が行なわれているが、紙幅の関係から取り上げる事例は2事例にとどまった。

まず、この2事例からみられる共通点を指摘しておこう。

第一に、地域農業の実情に沿った施策ということである。3．で述べ

た通り、自己改革では担い手育成など地域農業の生産基盤の維持・拡大の施策が盛り込まれている。これらは生産コストの削減や需要開拓などによる有利販売といった、地域の外への働きかけだけではなく、地域の内部への働きかけであり、地域農業の実情にあわせた施策が必要となる。

　全農の進める「農家手取り最大化」も、JAも含めたプロジェクト体制を構築することによって、地域農業に即した施策を選択できるようになっている。また、県域やJAが独自の施策を進める場合についても、全農がバックアップすることによって、その実践をサポートしている。

　JA阿新は、管内が中山間農業地域であることから、少数の担い手による規模拡大を目指すよりも、多様な担い手による持続的な農業を目指している。そのために、営農相談機能の充実という観点からの改革を進めている。

　第二に、職員の資質向上につなげている点である。自己改革に向けた施策をどれだけ作り込んだとしても、それを実践するのはJAの職員であり、着実な実践には職員の資質が求められよう。JA前橋市でもJA阿新でも、職員にこれまで以上に農業生産に近い業務を担わせることによって、栽培に関する知識向上および体験をもとにした農業者への助言を可能にしている。

　とくにJA前橋市のワイガヤは、JA職員の意欲向上と主体的な参加のきっかけとなる活動であるといえよう。ワイガヤでは、JAは勉強会という機会と場を提供したのみであり、その中身は参加者に任せられている。「仲間とともに刺激し合える環境」を整えることが、人材育成において肝要である。

(2)　自己改革の成果

　最後に、自己改革の成果について述べておきたい。

　現在の自己改革は、①政府からの要請への対応という側面と、②農業や地方を取り巻く情勢が厳しさを増していくなかで、組合員の要望に沿った改革を進めているという二つの側面がある。

　1点目に関しては、2019年5月に改革集中推進期間がおわり、改革に

一定の評価をえた。この間、政府では農協改革の進捗状況をフォローアップするにあたり、数値目標の達成度合いやアンケート結果による担い手からの評価などを重視してきた。JA グループにおいても、自己改革の成果を組合員・担い手に伝えるために、成果の数値化・見える化などの方策が必要となろう。

　２点目に関しては、農業の担い手や組合員の多様化が進むなかで、より多くの組合員が JA の運営にかかわることが重要となる。現在、多くの JA が出向く活動や各種座談会など、組合員からの意見を聞く取組みを進めている。また、日常的な組合員と JA 職員とのコミュニケーションの充実も一つのポイントとなろう。こうした仕組みづくりや JA 職員の育成は数値化することがむずかしい成果ではあるが、地域農業の振興に向けては欠かせないものである。

　JA グループが進めている営農経済事業の自己改革は、地域農業の実態と変化にあわせて、それぞれで組合員とともに施策が進められているといえる。これらのなかで数値化できる成果は、広く伝えていく努力が必要となるだろう。一方で、JA 職員の人材育成など、長期的な視点から地域農業の振興に向けた取組みも進められている。組合員の期待に応える JA のあり方を構築していく上で、数値化のむずかしいこうした取組みについても、着実に実践していく必要があると考えられる。

（注）本章第 4 節第 5 節は拙稿「JA 阿新「営農経済部」の取組み―営農相談のワンストップ化を目指して―」（『農中総研 調査と情報』2018 年 1 月号）、「「農家手取り最大化プログラム」による人材育成―群馬県 JA 前橋市―」（『農中総研 調査と情報』2019 年 3 月号）を加筆修正したものである。

〈参考文献〉
三石誠司（2018）「農業の競争力強化と生産資材価格をめぐる論点」、谷口信和・服部信司編著『米離脱後 TPP11 と官邸主導型「農政改革」』農林統計協会
小池恒男（2018）「規制改革推進会議による「農協改革」の全体像」、谷口信和・服部信司編著『米離脱後 TPP11 と官邸主導型「農政改革」』農林統計協会
斉藤由理子（2018）「JA 自己改革の特徴と課題―単位農協における農業振興を中心に―」、『農林金融』2018 年 2 月号

第5章

JA生産部会における
組織力の経済効果

尾高 恵美

はじめに

　本章では、農業者の多様化が進む現状を踏まえて、JAの営農経済事業の組合員組織である生産部会について考えてみたい。

　JAグループ自己改革（以下「自己改革」という）では、10年後の目指す姿として、持続可能な農業、豊かでくらしやすい地域社会、および協同組合としての役割発揮を掲げている。協同組合の強みを生かす方針を明確に打ち出している点に注目したい。

　この点に関連して『新版協同組合事典』（1986）をみると、協同組合の経済効果には、規模の経済性の効果と組織力の効果があるとされる。前者は協同組合だけでなく他の企業形態とも共通しているが、後者は協同組合に特有の効果、強みと位置づけられている。

　現在進められている自己改革では、持続可能な農業の実現に向けて、農業者の所得増大と農業生産の拡大を重点目標としている。目標の達成には、営農関連の組合員組織である生産部会の活動を通じて、組織力の経済効果を引き出すことが不可欠となろう。

　そこで本章では、露地レタスの生産部会に注目して、組織力の経済効果について取り上げる。以下では、先行研究に基づいて組織力の経済効果について整理したのち、農林業センサスにより露地野菜作経営の状況

を概観したうえで、事例に基づいて生産部会における組織力の経済効果の意義とそれを高めるためのポイントを考察する。

1．協同組合における組織力の経済効果とは

　高田（2008）は、組織力の経済効果は「計画・調整の経済効果」と「参画の経済効果」によってもたらされると整理している。

　計画・調整の経済効果とは、組合員の利用量や利用時期を事前に把握し調整したり、協議と調整によって取扱品目を集約すること等によって生み出される効果である。例として、事前申請に基づいた農産物の共同販売、共同利用施設の計画的利用や生産資材の予約購買があげられる。

　一方、参画の経済効果とは、運営を職員に一任するのではなく、組合員の参画や無償労働によって生み出される効果である。例として、利用組合方式による共同利用施設の運営や、部会員による農産物の販促活動があげられる。

　組織力に影響を与える要因として藤谷（1974）は、協同組合運動に対する意識、組合員に与えられる情報、そして組合員組織の編成方法をあげている。組織力の経済効果を発揮するための生産部会の組織編成を考えるうえで、近年、課題となっているのが、農業者の異質化である。石田（1995）は、農業者の異質化に対応し、出荷体系や栽培方法等の同質性に基づいて、生産部会を細分化する必要があることを指摘している。そこで、露地野菜作経営における異質化の状況について、農林業センサスによりみていく。

2．露地野菜作経営における異質化

(1)　露地野菜の作付面積は二極化

　農林水産省「農林業センサス」によると、2015年において販売目的で露地野菜を作付けしている農業経営体数は33万725経営体で、2010年の37万7,003経営体に比べて、4万6,278経営体、率にして12.3％減少した。作付面積規模別にみると、もっとも規模が小さい0.1ha未満の経営体数は0.9％、3～5ha未満は2.2％、5ha以上は14.6％それぞれ増加した（図

62

表1）。一方、0.1ha以上3ha未満の経営体数は減少し、とくに、0.3～0.5ha未満では△20.5％と大きく減少した。規模を縮小して営農を継続する小規模な経営体が増える一方で、縮小した経営体やリタイアした経営体の農地を引き受けたり、回転率を上げることで作付面積の拡大をはかった結果、大規模な経営体が増えるという二極化がみられる。

　この結果、3ha以上の経営体が経営体数全体に占める割合は4.1％から5.1％に上昇した。後に事例で取り上げる茨城県でも、中規模層の減少、小規模層と大規模層の増加という傾向は全国と同様にみられる。ただし茨城県の場合には、小規模層と大規模層の増加率が全国に比べて大きく、二極化がより顕著となっている。この結果、茨城県における3ha以上の経営体の割合は9.7％となり、大規模経営体の存在感が強まっている。

(2)　雇用や販売方法にも影響

　経営規模の違いは、雇用面、ひいては販売方法にも影響している。2015年において常雇い（雇用契約の期間が年間7か月以上）を雇用した経営体の割合は、露地野菜作経営の全国平均では5.7％である。作付面積規模別にみると、0.3ha未満の経営体では2.4％だが、3～5ha未満では

図表1　2015年における露地野菜の作付面積規模別経営体数の2010年比増減率

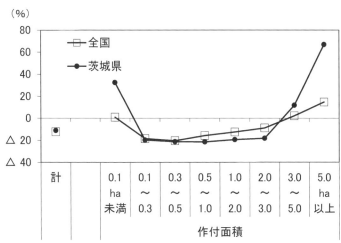

資料　農林水産省「2015年農林業センサス」

22.5％、5ha以上では37.0％と規模が大きいほど高くなっている（図表2）。茨城県でも同様の傾向があり、5ha以上では73.6％となっている。

給与・賃金を定期的に支払うために、常雇いを雇用している経営体では、販売において価格や数量が比較的安定している契約取引に取り組む傾向がある。2005年において露地野菜作販売農家のうち「契約生産を行っている」割合は19.9％だが、作付面積2ha以上では31.8％に高まっている（図表3）。茨城県でもほぼ同様の傾向がみられる。

このように、同じ作目でも、経営規模の二極化や販売方法の多様化という形で農業者の異質化が進んでいる。このため、生産部会の組織編成も、従来の作目や品目による区分だけでは農業者のニーズに十分対応できず、協同組合の組織力の経済効果を弱めるおそれがあると考えられる。

次節では、農業収入の安定化という共通のニーズを持つ大規模な農業者による生産部会の取組事例を紹介する。

3．契約取引のための生産部会
―JA 常総ひかり石下地区契約部会の取組み―

本節では、露地野菜の契約取引に取り組んでいるJA常総ひかり石下地区契約レタス部会の取組みを紹介する[注]。

[注] 本節の記述は、JC総研（現・日本協同組合連携機構）「2017年度マーケットインに対

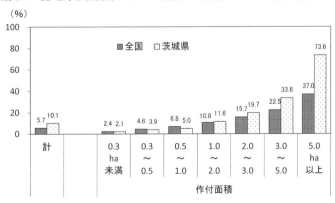

図表2　露地野菜経営体における常雇いを雇用している割合（2015年）

資料　図表1に同じ

応した生産部会のあり方に関する研究会」における筆者担当の調査結果、尾高（2008）、および尾高（2009）を活用している。

⑴　規模拡大が進む露地野菜産地

　JA 常総ひかり（以下「JA」という）は、茨城県南西部の常総市（旧水海道市、旧石下町）、下妻市（旧下妻市、旧千代川村）、八千代町の 2 市 1 町を管内としている。管内では、八千代、石下、千代川の 3 地区を中心に、露地野菜の大産地が形成されている。2017年における管内の農業産出額（推計）は438.8億円で、うち野菜が275.7億円、全体の62.8％を占めている（農林水産省「市町村別農業産出額（推計）」）。

　管内の露地野菜の作付経営体数は、10年の1,029経営体から2015年の1,000経営体へと若干減少したが、 1 経営体当たり作付面積は2.2ha から2.9ha へと拡大した（農林水産省「2015年農林業センサス」）。

　また、規模拡大にともなって雇用労働力を受け入れる経営体が増えた。2015年において、露地野菜作を含むすべての農業経営体のうち常雇いを雇用した割合をみると、全国では3.9％（前述したように露地野菜に限定すると5.7％）、県平均で5.1％（同10.1％）だが、管内では7.5％と全国の 2 倍

図表 3　契約生産を行っている販売農家の割合（2005年）

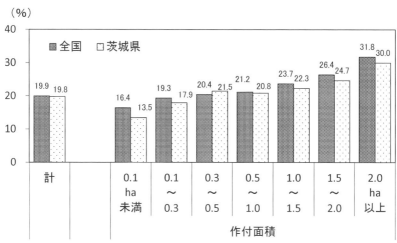

近い。露地野菜の栽培が盛んな3地区に限定すると13.0％となり、常雇人数も平均3.7人となっている。2010年に比べて、管内では2.5ポイント、3地区では4.4ポイント、それぞれ上昇した。

(2) 安定収入のニーズに対応して設立

　前述したように、常雇いを雇用している農業者では、通年で働く従業員に定期的に給与を支払うために、安定的に収入が得られる契約取引のニーズがとくに強い。そのようなニーズを踏まえて、全農茨城県本部は、レタス、キャベツやハクサイの契約取引の販路を開拓し、JAに取引を打診した。これを受けてJAでは、エコファーマーの認証を取得するなど露地野菜の栽培技術が高く、契約意識の高い農業者に打診した。契約取引によって収入の安定性が高まることを期待した農業者を集めて4〜10人で一つのグループを作り、活動を開始した。

　露地野菜栽培の盛んな3地区の一つである石下地区では、1996年に石下地区契約レタス部会（以下「契約レタス部会」という）を設立してレタスの契約取引に取り組むことになった。当初の部会員は10人だったが、高齢化やレタスの連作障害により2人が退会して、現在は8人となっている。このうち6人は外国人技能実習生を受け入れて、多品目の野菜を大規模に生産している。ほかの2人は家族労働が主体であるものの、契約レタス専作で耕地面積3ha弱（作付面積6ha弱）を経営している。いずれの部会員も収入を安定化させたいというニーズが強い。また、部会員は社交ダンスという共通の趣味があり、夫婦で同じサークルに参加している。

(3) 契約取引のための部会として確固とした位置づけ

　JAには、園芸部門に関して、地区（合併前の旧JAのエリア）ごとに品目部会がある。品目部会の部会員全員ないし役員を構成員として地区園芸部があり、さらに、地区園芸部の役員を構成員として管内を網羅する園芸部会連絡協議会が設置されている。

　石下地区の園芸部には八つの品目部会がある。その一つにレタス部会

があり、契約レタス部会とリーフレタス部会で構成されている。組織図
上レタス部会はあるが、契約レタス部会とリーフレタス部会はそれぞれ
独自に活動し、部会会計、販売やプール計算の単位も別となっている。
JA 営農指導員が事務局として部会運営をサポートしている。

(4)　安定出荷に向け生産・販売面で協力

　契約レタス部会の出荷物は、JA、全農茨城県本部や卸売市場を通じ
てカット野菜業者等加工業務向けに販売されている。出荷期間は、春レ
タスが３月上旬から５月中旬まで、秋レタスが10月上旬から12月中旬ま
でであり、期間中は月曜日から金曜日まで毎日一定量を出荷する契約で
ある。契約ではシーズンを通して同一価格となっている。

　出荷物の安定出荷と品質向上のために、契約レタス部会では、シーズ
ンごとにすべての部会員が参加して、栽培や出荷に関する会議を開催し
ている。栽培に関しては、栽培講習会や現地研修会で、栽培上の注意点
を確認し、害虫対策技術の情報を共有している。

　加工業務用規格に対応するため、出荷規格と品質基準の確認を行う目
ぞろえ会は、出荷直前と中間に２回ずつ行い、部会員は夫婦で参加して
いる。また、出荷が終了した段階で、当年度の実績を振り返り、対策を
協議する次年度対策会議を開催している。

　また、安定的に出荷するために、出荷期間中の毎週金曜日に、すべて
の部会員、JA 営農指導員、全農茨城県本部の販売担当者が参加して定
例会を開催し、生育状況や個別の行事等を加味したうえで、翌週の出荷
数量を割り当てている。自然災害の被害を受けた場合には即日に臨時総
会を開催して対応を協議している。

　生育状況等を加味して出荷数量を割り当てているが、作柄不良等によ
り割当量を満たせない場合には、他の部会員が補っている。また、レタ
スの収穫適期は短いため、加工業務向けの栽培技術が定着する前は収穫
作業が追い付かないこともあり、その場合は、他の部会員が無償で収穫
作業を手伝うこともあった。このほか、個々の部会員が天候変動等によ
る単収減を想定し、余裕を持った面積を作付けしている。

⑸　部会員のレタス販売高は拡大

　契約レタス部会の販売高は、2006年度の1.8億円から2016年度には2.6億円となった。部会員1人当たりでみると、06年度の2,000万円程度から、16年度には3,200万円程度へと1.6倍に増加した。これは、同年の石下地区園芸部平均の879万円の3.6倍で、高収入の農業者が多い地域にあっても際立った販売高を実現している。安定して高い収入を獲得していることもあり、部会員8人のうち7人は農業後継者が就農している。

4．事例に学ぶ組織力の経済効果の意義と発揮のポイント

　契約レタス部会の事例における組織力の経済効果は、部会員のニーズである販売単価の安定と農業収入の増加という形であらわれている。これは、生産部会の活動とJAグループの営農経済事業との一体的な運営によって実現されたものである。本節では、生産部会の活動によってもたらされた組織力の経済効果について、計画・調整の経済効果と参画の経済効果の観点から整理するとともに、これらが発揮されている要因の抽出を試みる。

⑴　計画・調整の経済効果

　計画・調整の経済効果に関して事例では、契約に基づいて出荷することを前提として作付けし、出荷直前に生育状況等を加味して出荷割当を調整するなど、生産部会自体が需給調整機能を強めている。これにより、計画に基づく安定した出荷を実現し、部会員が求める契約取引の継続と拡大につながっている。

⑵　参画の経済効果

　参画の経済効果に関しては、契約どおりに出荷するために、害虫対策のノウハウを共有したり、また、ある部会員が出荷できない場合に別の部会員が補ったり、さらに、ある部会員のほ場でレタスの生育が進み収穫が間に合わない場合に別の部会員が作業を手伝うなど、部会員同士が協力している。このような欠品を回避するための努力は、契約取引の継

続と拡大に寄与していると考えられる。

⑶　レタスの契約取引における組織力の経済効果の意義

　現在のところ、レタスでは収穫・選別・荷造工程の機械化は進んでおらず、収穫機や選別施設に多額の投資が行われる状況にはない。したがって、機械や施設のコストを削減するために、複数の生産者の共同利用により利用量を拡大して規模の経済性を発揮する必要性は、機械化されている品目に比べて低い。

　一方で、レタスは加工・業務用需要が多い。レタスの需要に占める加工・業務用の割合はタマネギと同率の59％で、指定野菜13品目中6番目となっている（小林（2017））。加工・業務用の出荷では、契約に基づいて安定的に出荷することが求められる。安定出荷のために計画・調整と相互補完が必要となる点で、葉物野菜の契約取引では、通常の卸売市場出荷に比べて、組織力の重要性が高いといえる。

⑷　組織力の経済効果を引き出すポイント

　生産部会が組織力の経済効果を発揮するポイントとして、JA常総ひかり契約レタス部会の取組みは次の二つのことを示唆している。

　一つめは、営農に関するニーズが共通する農業者を構成員として生産部会を組織していることである。契約レタス部会の部会員は、契約取引によって農業収入の安定性が高まると期待し、JAからの提案に応じた農業者で、市況の一時的な高騰よりも安定した価格のメリットを重視している。このため、計画に沿って出荷する意識が強くなり、契約取引を継続するための助け合いにもつながっていると考えられる。

　二つめは、部会員間の密接なコミュニケーションである。契約レタス部会では、頻繁に会合を開催して栽培に関する情報交換を行っている。また、ほ場や住居が比較的近いところにあるため、生育状況を相互に確認することができ、趣味の活動など日常生活での接点も多くなっている。密接なコミュニケーションを通じて、互いの状況をよく把握できることは、自発的協力を促す一因になっていると考えられる。

おわりに

　農業者の異質化について、本章では経営規模の二極化や販売方法に関するニーズに注目したが、これら以外にも栽培方法や6次産業化など経営内容でも多様化は進んでいる。このような状況では、生産部会を細分化し、特性にあわせて営農経済事業の対応を行うことが、組織力の経済効果を引き出し農業者のニーズを満たすうえで有効であることを、紹介した事例は示唆している。生産部会の細分化にあたっては、生産者のニーズの共通性や部会員同士の関係性に配慮することが重要となろう。

〈参考文献〉
・石田正昭（1995）「農業経営異質化への農協販売事業の対応課題」『農業経営研究』第33巻第2号、45～52ページ
・協同組合事典編集委員会編（1986）『新版 協同組合事典』家の光協会
・小林茂典（2017）「主要野菜の加工・業務用需要の動向と国内の対応方向」2017年10月3日農林水産政策研究所セミナー・研究成果報告会資料
・高田理（2008）「広域合併農協づくりの基本課題と県単一農協」小池恒男編著『農協の存在意義と新しい展開方向―他律的改革への決別と新提言―』昭和堂、211～229ページ
・西井賢悟（2006）『信頼型マネジメントによる農協生産部会の革新』大学教育出版
・日本協同組合連携機構（2018）『マーケットインに対応した生産部会のあり方に関する研究会報告書』
・藤谷築次（1974）「協同組合の適正規模と連合組織の役割」桑原正信監修・農業開発研修センター編『農協運動の理論的基礎』家の光協会、315～366ページ
・尾高恵美（2008）「少人数の強みを生かすJA常総ひかり石下地区契約レタス部会」『農中総研情報』3月号、18～19ページ
・尾高恵美（2009）「市場細分化戦略における農協生産部会と農協系統の機能高度化」『農林金融』12月号、20～35ページ

第6章

JA 共同選果場の集約による
稼働状況の改善

尾高　恵美

1．はじめに

　本書のテーマである JA 営農経済事業では、米の乾燥調製施設や青果物の選果場といった集出荷施設が拠点として重要な役割を果たしている。それらの施設は組合員が共同で利用しているが、老朽化が進むとともに、生産量の減少により稼働率の低下が懸念される状況にある。そこで本章では、稼働状況の改善に向けた集出荷施設の再編について取り上げる。

　以下では、JA 集出荷施設の稼働率の現状を概観し、果実選果場に焦点をあてて、利用のメリットと課題を整理する。そのうえで、課題を克服した先進事例を紹介し、事例に基づいて課題克服のポイントを考察する。

2．集出荷施設の稼働率低下が懸念される状況

　JA の青果物集出荷施設の稼働率について直接把握できるデータがないため、ここでは施設数と農業生産の推移からその変化を推測したい。

　共同選果場を含む JA の青果物集出荷施設数の推移をみると、2007年度の4,706施設から17年度には4,327施設へと、10年間に8.1％減少した（図表1）。

　一方、集出荷施設を利用する青果物の生産は、施設数の減少を上回るペースで縮小している。06年において、JA の出荷量に占める機械選別

の割合が高いりんごとかんきつ類に注目すると[1]、りんごの栽培面積は、07年の4.2万 ha から17年の3.8万 ha へと9.5％減少し、かんきつ類は同期間に8.2万 ha から6.9万 ha へと16.1％減少した。

　出荷量については隔年結果や天候の影響により年による変動が大きいものの、長期的にみると、栽培面積と同じく減少傾向にある。同期間に、りんごの出荷量は74.9万 t から65.6万 t へと12.4％減少し、かんきつ類は07年の127.1万 t から92.4万 t へと27.2％減少した[2]。

　このように、機械選果が普及しているりんごやかんきつ類の栽培面積や出荷量は、過去10年間に、JA の青果物集出荷施設数を上回るペースで減少した。選果場を含む青果物集出荷施設の稼働率は以前に比べて低下していることがうかがえる。これにより利用者や JA の負担増が懸念され、再編が必要な状況にあるといえる。

※1　農林水産省「青果物・花き集出荷機構調査報告」により、2006年における総合農協の出荷量に占める機械選別の割合を品目別にみると、りんご（95.3％）と、八朔（95.5％）、なつみかん（95.3％）、みかん（93.9％）、ネーブルオレンジ（93.2％）といったかんきつ類が上位を占めている。
※2　りんごとかんきつ類のうち温州ミカンの出荷量は「作物統計」、それ以外のかんきつ類は「特産果樹生産動態等調査」による。「特産果樹生産動態等調査」の集計対象は、各都道府県で50a 以上栽培されている品目である。

図表1　青果物集出荷施設とりんご・かんきつの栽培の推移

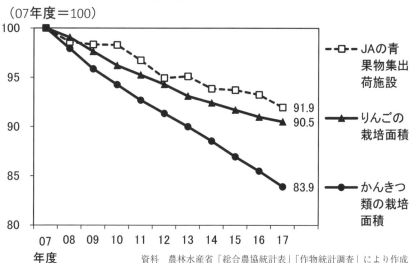

資料　農林水産省「総合農協統計表」「作物統計調査」により作成

3．選果場利用のメリット

　以下では集出荷施設のなかでも投資額が大きい選果場に注目する。選果場とは、果実や野菜を所定の規格・基準に従って選別し、包装し、荷造りを行い、流通する商品に整える施設である（農業施設学会編（1990））。利用によって生産者の選別・荷造作業にかかる時間や負荷は大幅に軽減される。

　また、光センサーやカラーグレーダーを備えた施設では、糖度・酸度といった内部品質や、大きさ・形・色・傷といった外観を測定し選別することにより、品質に基づいて販売することが可能となる。加えて、パッケージ機能を備えた施設では、量販店のPB商品など実需者のニーズにあわせた商品づくりが可能になり、販売力を強化することができる（岩崎・細野・山尾（2013））。さらに、選果データを栽培管理の改善に活用することもできる（徳田（1997））。

　さらに、共同で利用する選果場は、地域において生産者の交流拠点としても機能している。共同選果場に集まって選果場の運営や出荷方法について協議したり、出荷時に顔をあわせて情報交換することにより、生産者同士の関係性を強め、協力意識を高める効果もあると思われる。

　このように多くのメリットがあるため、選果場は果樹産地の維持発展になくてはならない施設となっている。

4．選果場コスト低減に向けた施設再編の課題

　選果場にはさまざまなメリットがある一方で、選果場の新規取得や、老朽化した機械の更新には多額の投資が必要となる。施設や機械への投資額は、会計上、耐用年数にわたって配分し、減価償却費として費用化する。減価償却費は利用量の多寡にかかわらず課される固定費であるが、多くの生産者の利用によって施設の能力に見合う利用量を確保することによって広く薄く分散されて、利用1単位当たり（1kg当たりや1個当たり）の減価償却費を低減することができる。

　そもそも果実は、収穫時期の季節性が強く、また腐敗しやすいため、

単一品目では選果場の稼働日数が限定的であることが多い。加えて、上述したように、近年は生産量は減少傾向にあり、施設の稼働率の低下によって、利用1単位当たりの費用増加が懸念される状況にある。そこで、稼働率を高め、維持することが課題となる。

　選果場の再編によって稼働率を高めるには、複数のJAによる共同利用や広域合併JA内での施設集約によって、過剰投資の抑制と利用量の確保をはかることが有効な選択肢となろう。また、収穫時期の異なる品目の組み合わせや、貯蔵施設の活用等によって利用量の平準化をはかりつつ、年間の稼働日数を増やすことも重要となる。

　一方、稼働率を維持するには、生産量の維持に加えて、施設再編にともなう生産者の施設利用率の低下を防ぐことも大切であろう。

　以下では、広域合併JA内での施設集約による利用量の確保と、複数の品目の組み合わせによる年間稼働日数の増加を、生産者の施設利用率を維持しながら実現したJA紀の里の取組みを紹介したい。

５．和歌山県ＪＡ紀の里の取組み

⑴　多品目の果樹産地

　JA紀の里は、和歌山県北部の紀の川市と岩出市を管内としている。1992年に那賀郡内のJAが合併して発足し、2008年に最終合併した。17年度の販売・取扱高は108億25百万円であり、このうち果実が91億69百万円、全体の84.7％を占めている。柿（27億34百万円）、桃（22億25百万円）をはじめ、温州みかん、八朔、キウイフルーツなど果実8品目の販売・取扱高は1億円を超えている。

⑵　機械更新とコスト削減が課題に

　施設再編以前は、旧JAないし旧JAの支所を範囲として、9支所にそれぞれ1か所ないし2か所、計10か所の選果場があった。支所単位に生産者組織があり、各選果場の規格・基準に基づいて選別して、それぞれのブランドで販売していた。

　しかし、各選果場の建物や選果機は老朽化し、生産者の減少により取

74

扱量は年々減少していた。これにより、選果場の稼働率は低下し、その運営にかかる費用は農業関連事業の赤字の大きな要因になっていた。また、出荷量の減少は、販売面でも不利になっていた。このような状況は将来も続くと見込まれ、生産者の利用料負担や農協の農業関連事業の赤字額はさらに増加することが予想された。生産者の負担とJAの施設収支の赤字額を抑制しつつ、老朽化した機械を更新するために、選果場の再編に取り組んだ。

(3) 統合に向けた合意形成の体制

ａ．職員の支援体制を整備

まずJAでは、職員体制を整備した。2001年に組合長直轄の専門部署である「選果場再編対策室」（以下「対策室」という）を設置した。販売部長が兼務で室長となり、専任担当者を1人配置した。対策室は、事務局の中心となって、「選果場施設再編整備基本計画書」（以下「原案」という）を策定し、次にみる生産者組織の協議を設営した。

ｂ．生産者の協議組織を設置

各支所の品目別生産部会に加えて、選果場の統合について本格的に協議するための生産者組織を2002年度に新たに設置した。支所単位に「支所選果場整備実行委員会」（以下「支所単位の委員会」という）、品目別に、桃、柿、八朔、みかんの委員会（以下「4大品目の委員会」という）、統合選果場単位に「統合選果場整備実行委員会」、これらを網羅するJA全体の組織として「紀の里選果場整備実行委員会」（以下「JA全体の委員会」という）を設置した。

支所単位の委員会の構成員は、各支所における品目部会の代表者である。品目部会の代表者は、支所の品目部会員が参加した会合で原案に基づいて協議を行い、意見を集約したうえで、各支所の委員会に参加した。そして、支所ごとに統合選果場への参加の是非や参加する場合の課題を協議した。生産者の会合は、支所より小さい範囲で、3〜10人といった少人数で協議した場合もあったという。

また、JAの販売・取扱高の上位を占める桃、柿、八朔、温州みかん

の4大品目に、それぞれ委員会を設置した。各選果場の4大品目の正副部会長がメンバーとなり、品目特性を考慮して統合の課題を協議した。

支所単位と4大品目の委員長およびJA役員をメンバーとするJA全体の委員会では、支所単位や4大品目の委員会で出された意見を集約して対応を協議した。その結果は各委員会を通じて生産者にフィードバックした。

(4) 共通戦略の提示と個別課題への対応

a．選果場運営に関する課題の共有

協議では、まず共同選果場の課題に関する情報を提供した。選果機が老朽化して更新時期に直面していることと、当時と5年後10年後の管内生産量の実績と試算結果を管内全体と支所別に示した。試算結果を加味しつつ、当時の施設を維持して選果機を更新した場合と、新設統合した場合について、投資額と1kg当たりコストを品目別にそれぞれ試算した結果を説明した。

b．共通する新たな販売戦略に位置づけ

そして、共同選果場の再編を「大型産地力を活かせる販売体制の強化」という管内の果実品目に共通する新たな販売戦略パッケージの一環として提案した。再編以前は、支所単位でブランド化し共同販売を行っていたが、再編後は販売業務を本所に一元化し、大型産地の有利性を発揮する。また、多品目の果実をリレーさせて周年で出荷できる特性を生かして、各支所のブランドを「紀の里ブランド」に統一するというものである。

c．条件が不利となる生産者への配慮

統合選果場から離れた地域にある5か所の選果場は、中継する一次集荷場として利用することにした。過疎地域において施設が生産者の交流拠点として果たしている機能にも配慮した。一次集荷場から統合選果場への横持ち運賃は全体で負担している。

また、廃止にともなう遊休施設は賃貸し、その収入は施設の収益に充当しており施設利用料の軽減に寄与している。

d．費用の精算基準を明確化

　統合前は、生産者からの利用料で施設運営にかかるコストを回収できない状況にあり、JAの農業関連事業の赤字の大きな原因になっていた。施設の再編にあたり、費用の応益負担の原則を生産者の協議で再確認した。

　また、再編前は、利用料の設定基準は選果場や品目により異なっていた。再編後は、同じ品目であればどの選果場を利用しても同じ利用料率とし、品目間でも公平にするために次のように基準を統一した。すべての農産物を対象に、出荷と販売にかかる費用の負担方法を、科目ごとに、生産者による施設利用料負担、販売手数料負担、販売代金から実費控除、またはJAによる負担のいずれかに整理し、そのうえで施設利用料率や販売手数料率を設定した。

　施設の減価償却費、固定資産税や保険料等で構成される集出荷施設運営費と、農業関連事業への営農指導事業分配賦額は、生産者が負担する「施設利用料」として受け取ることとした。選果場作業員の労務費、包装資材費や運賃は販売代金から実費を控除する。

　施設利用料率や販売手数料率は一定であるため、生産者負担分はその年の集荷量によって変動する。不足分は農協による負担額としているが、その上限額を設定している。

e．統合にかかる品目別課題の整理と対応

　対象品目の特性に応じた対応も協議した。まず、生産者の検討材料として、施設統合のメリット・デメリットを、荷受け、選別、品質、処理能力、距離、選別前処理、労務、適正規模の八つの面から、品目別に整理して説明した。

　加えて、協議過程で表明された意見に対しては、対策室が事務局となり、JA全体の委員会で協議しながら、ていねいに対応した。とくに桃はデリケートな果実であるため、統合した場合、選果場から遠くなる生産者から一次集荷場経由の搬送による荷傷みを懸念する意見が出された。

　そこで、対策室では和歌山県工業技術センターに依頼して運搬実験を行い、影響はないことを実証した。実験結果は、JA全体の委員会、桃

委員会、支所単位の委員会で報告し、生産者にフィードバックした。さらに、JA では搬送中の振動から桃の果実を保護する専用資材を開発して万全の対策をとった。

　再編前、手作業で桃を選果する生産者も存在していたが、統合選果場では桃を含む多様な果実に対応した選果機を導入したことにより、桃生産者の選果・荷造作業が省力化された。この結果、経営規模を拡大する生産者が増え、また、高齢の生産者は営農を続けることが可能となった。

ｆ．協議を通じて生産者の協力意識向上

　このように JA では、選果場の統合に向けて、地区別や品目別の生産者組織、それらを包含する JA 全体の生産者組織において、協議を重ねた。対策室で再編に携わった職員は、話し合いをするほど、共同選果場統合に向けた生産者の理解は深まっていったと評価している。

　第１次再編実現の直後には、生産者から選果場の運営コストを削減するため、荷受時間を短縮してはどうかと提案があった。これは、協議を通じて、生産者の協力意識が高まったことを示すものといえよう。

(5)　３か所の統合選果場を軸に再編

　協議の結果、第１次再編の実施計画は、JA 全体の委員会での承認を経て2002年度に組合長に答申され、理事会で決定された。再編前、選果場は支所ごとに計10か所あったが、05年度の第１次再編では計６か所の選果場が新設の統合選果場（１か所）に参加することになった。その後、JA 合併により選果場が１か所加わり、第２次再編を経て、最終的に、10年度には選果場を５か所に統合した。このうち、３か所は新設した統合選果場であり、残りの２か所は柿専用の選果場として機械を更新した。

(6)　複数品目の利用で設備投資額を削減

　３か所の統合選果場の選果機は多品目に対応したものとし、出荷時期の異なる複数の品目で使用できるようにした。たとえば、05年に稼働を始めた農産物流通センターには、併用選果機と柑橘選果機を設置した（図表２）。併用選果機では、６～８月に桃、７～９月に日本なし、９～12

月に柿、12〜4月にキウイフルーツを選果している。また、柑橘選果機
では、9〜2月に温州みかん（極早生から貯蔵まで）、12〜4月に中晩柑
類（八朔、清見、不知火等）を選果している。

　キウイフルーツと温州みかんは適期に収穫した後、JAの定温倉庫で
貯蔵することにより、1日当たり処理量の平準化と稼働日数の増加につ
ながっている。この結果、選果場は年間で11か月稼働している。選果場
を複数品目に対応させつつ集約したことにより、見積り段階の設備投資
額は、再編せずに旧来の施設で更新した場合に比べて2割強削減できた。

　また、選果場の荷受時間を指定することによって、選果作業時間が短
縮しさらなるコスト削減につながった。これは、前述した生産者の提案
により実現したものである。この結果、JAの集出荷施設収支の赤字額
は大幅に改善した。

⑺　施設を活用した販売戦略の実現

　施設再編の後、前述した販売戦略の通り、販売業務を本所に一元化し
てロットを拡大するとともに、パッケージ機能を備え、量販店からの小
分け商品ニーズにも対応することによって販路拡大に寄与している。

　また、以前の品目別生産部会は支所ごとに組織されていたが、選果場
の統合にともなって品目部会を統合した。さらに、品目横断の組織とし
て、各品目部会の役員を構成員とする「生産販売委員会」を設立した。
「紀の里」という一つのブランドの育成に向けて、すべての品目の品質
を高めるために、異なる品目を生産する生産者間の協力意識を醸成する

図表2　JA紀の里　農産物流通センターの稼働期間

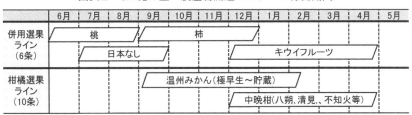

資料　聞き取り調査により作成

役割を果たしている。

6．事例に学ぶ稼働率の向上と維持のポイント

　本章では、共同選果場のメリットと課題を整理したうえで、再編によって課題を克服した先進 JA の取組みを紹介した。施設稼働率の向上と生産者の利用率維持の観点から、上述した JA 紀の里の取組みを改めてみてみよう。

⑴　集約と複数品目利用による稼働率の向上

　再編前、生産量の減少によって各選果場の稼働率は低下していた。そこで生産量の将来予測に基づいて、10か所の施設を三つの統合選果場を軸に集約し、機械を更新した。

　総合選果場では、複数の品目が利用時期を分散させながら同じ選果ラインを利用するようにした。複数の品目が同一ラインを利用する場合、品目間の費用負担の明確化も重要となる。JA で費用負担基準を事前に協議し明確にしたことは、複数品目による利用を円滑にする効果があったと思われる。

　選果場を統合しつつ複数の品目に対応した機械を導入することによって、過剰投資を回避するとともに、稼働日数が増えた。この結果、固定費をより薄く分散することができ、利用1単位当たりコストの抑制につながっている。

⑵　条件不利地域への配慮と戦略実現による利用率維持

　他の事例では、統合によって、近くの施設が廃止になり搬送距離が伸びた生産者の離脱を招いたケースが報告されている。そのような状況を防ぐために、JA では、選果機能を廃止した施設についても、直接出荷できない遠隔地の生産者や交流拠点としての機能を考慮し、一部は統合選果場に中継するための一次集荷施設として利用を続けている。一次集荷施設から統合選果場までの横持ち運賃は全体で負担し、負担が特定の生産者に偏らないように公平性に配慮している。

　加えて、再編に向けた協議の際に施設を新たな産地戦略を実現する拠点と位置づけ、再編後はその戦略に基づいて、販売一元化による地域ブランドの確立や小分け商品対応による販路多角化を実現した。こうしたことも生産者による施設利用の維持につながったと思われる。

〈参考文献〉
・荒井聡（2001）「需給緩和下のトマト作における作業外部化による産地の再編強化―岐阜県海津地区での機械選果機導入の事例を中心に―」『岐阜大学農学部研究報告』第66巻、31〜42ページ
・石田正昭（2012）「技術革新で出荷組織を大きくするには」『JA は地域に何ができるか』農山漁村文化協会、91〜104ページ
・岩崎真之介・細野賢二・山尾政博（2013）「イチゴ産地農協パッケージセンターの産地維持効果と導入上の課題」『日本農業経済学会論文集』、61〜68ページ
・青果物選果予冷施設協議会（2001）『青果物選果・予冷施設ガイドライン』
・青果物選果予冷施設協議会（2002）『青果物選果・予冷施設ガイドライン（その２）』
・全国農業協同組合中央会（2017）『JA グループ共同利用施設の運営改善事例集―農業者の所得増大に向けて―』
・園部和彦（1996）「青果物共選施設に関する調査研究」『フレッシュフードシステム』第25巻第13号、50〜55ページ
・徳田博美（1997）『果実需給構造の変化と産地戦略の再編―東山型果樹農業の展開と再編―』農林統計協会
・農業施設学会編（1990）『農業施設ハンドブック』東洋書店
・尾高恵美（2019）「青果物産地を次代につなぐ農協共同選果場の再編」『日本農業研究シリーズ No.25　農協をめぐる問題と改革の課題』、133〜156ページ

第7章

農協における農産物の
地域団体商標取得の意義と効果

尾中　謙治

はじめに

　農協が「農業者の所得増大」に取り組むにあたって必要なことは、販売単価の向上と生産量の拡大、生産コストの引き下げである。販売単価の向上の一つの方策に農産物のブランド化がある。多くの農協では、その実現にあたって、農産物の品種や産地、ネーミング、栽培方法、品質などを訴求し、他と差別化をはかろうとしている。そのようななかで注目されるのが「地域ブランド化」である。

　地域ブランド化とは、「地域発の商品・サービスのブランド化と地域イメージのブランド化を結びつけ、好循環を生み出し、地域外の資金・人材を呼び込むという持続的な地域経済の活性化を図ること」（知的財産戦略本部・コンテンツ専門調査会第1回日本ブランド・ワーキンググループにおける経済産業省提出資料、2004）である。地域ブランド化は、地元農産物だけでなく、地域の魅力を高めるものであり、農協の役割のひとつである「地域の活性化」にも資するものである。

　実際の地域ブランド化では、地域団体商標や地理的表示（GI：Geographical Indication）を活用した農協の取組みがみられる。本章では、農協が登録主体となっている事例の多い地域団体商標にフォーカスし、農協における農産物の地域団体商標取得の効果・影響などを地域ブラン

ド化に成功している３農協の事例調査に基づいて整理し、農協における
農産物のブランド化の意義と効果を検討する。

1．地域団体商標制度の概要

　地域ブランド化には、地域名と商品名を組み合わせた名称（以下「地
域ブランド」）が効果的ではあるが、従来の商標法では基本的にこのよう
な商標の登録を受けることはできなかった。そこで、地域ブランドの育
成に資することを目的として、2006年４月に「商標法の一部を改正する
法律」が施行され、「地域団体商標制度」が導入された。これによって、
地域ブランドを地域団体商標として登録ができるようになった。

　出願できるのは、農協や漁協等の組合、商工会、商工会議所、特定非
営利活動法人、これらに相当する外国の法人で、登録には、①上記の団
体の構成員に使用させる商標であること、②商標の構成が「地域名＋商
品（サービス）名」等の組み合わせで、両者に関連性があること、③一
定の地理的範囲である程度有名であること（周知性）、が条件である。

　商品の品質管理については、商標権者の自主管理となっている。

　19年８月１日時点で665件が地域団体商標に登録されており、うち野
菜63件、米10件、果実50件、食肉・牛・鶏64件である。

　14年６月からは類似の制度として「特定農林水産物等の名称の保護に
関する法律」（地理的表示法）が施行され、「地理的表示保護制度」も始
まっている。20年８月19日時点で99件が登録されている。

　両者の特質や違いは図表１のとおりであるが、両制度とも地域ブラン
ド（産品の名称）を保護する点では共通している。地理的表示は、おお
むね25年以上の生産実績があること、つまり伝統性のあることが登録要
件とされており、さらに品質管理についても地域団体商標より厳格であ
るため、登録は比較的むずかしいといえる。

　地域団体商標取得のメリットとして、特許庁は、①法的効果、②差別
化効果、③その他の効果、の三つをあげている。具体的には、①は他者
が不正に地域団体商標である名称を商標権に抵触する範囲で使用、また
は使用するおそれがある場合、民事・刑事の両面から対抗することがで

きるという「他者への権利行使（攻撃・防御）」と、地域団体商標を他者に使用を許諾することができる「ライセンス契約」がある。②は名称が商標権で保護されていることで、取引の際の信用力増加、また、国にお墨付きをもらった商標という点をアピールすることで商品・サービスの訴求力の増大につなげることができる「取引信用度・商品・サービス訴求力の増大」がある。③は地域団体商標をその団体で独占的に使用することにより、組合員の増加や、ブランドに対する自負が形成される「組織強化・ブランドに対する自負の形成」がある[1]。

※1　経済産業省特許庁『地域団体商標ガイドブック2019』（2019年3月）

２．市川市農協（千葉県）における「市川のなし」の事例

(1)　市川のなしの概要

　市川市農協は07年8月に、「市川の梨」と「市川のなし」の地域団体

図表1　地域団体商標と地理的表示（GI）との違い

	地域団体商標	地理的表示（ＧＩ）
保護対象（物）	全ての商品・サービス	農林水産物、飲食料品等（酒類等を除く）
保護対象（名称）	「地域名」＋「商品（サービス）名」等	農林水産物・食品等の名称であって、その名称から当該産品の産地を特定でき、産品の品質等の確立した特性が当該産地と結び付いているということを特定できるもの（地域を特定できれば、必ずしも地名を含まなくてもよい）
登録主体	農協等の組合、商工会、商工会議所、ＮＰＯ法人	生産・加工業者の団体（法人格の無い団体も可）
主な登録要件	・地域の名称と商品（サービス）が関連性を有すること（商品の産地認識） ・商標が需要者の間に広く認識されていること	・生産地と結び付いた品質等の特性を有すること ・確立した特性：特性を維持した状態で概ね25年の生産実績があること
品質管理	商品の品質等は商標権者の自主管理	・生産地と結びついた品質基準の策定・登録・公開 ・生産・加工業者が品質基準を守るよう団体が管理し、それを国がチェック
規制手段	商標権者による差止請求、損害賠償請求	国による不正使用の取締り
費用・保護期間	出願・登録：40,200円（10年間） 更新：38,800円（10年間）※それぞれ1区分で計算	登録：9万円（登録免許税） 更新手続無し（取り消されない限り登録存続）
申請・出願先	特許庁長官（特許庁）	農林水産大臣（農林水産省）

資料：特許庁商標課「地域団体商標と地理的表示（ＧＩ）の活用Q＆A」（2019年6月）より抜粋

商標を取得している。「市川のなし」（以下「市川の梨」も含む）は市川市およびその周辺地域産の梨について利用することができ、農協への出荷の有無に関係なく使用できる。ただし、地域団体商標を記載した出荷容器は、生産者組織である果樹部会に加入している正組合員だけが農協から購入できるようになっている。

　地域団体商標の取得目的は、「市川のなし」の商標の保護とさらなるブランド化だったようである。出願にあたっては弁理士や特許庁から話を聞きながら、農協職員が主体となって提出書類等を用意して出願した。出願時に手間がかかったことは、県外で周知されていることの裏づけ資料を用意することで、そのために直販した農家の宅配伝票や市場への出荷量などを過去10年にわたって調べたとのことである。

　市川市内のなしの生産農家は約200戸で、大部分が専業であり、7～8割は直売所などを通じた直接販売を行っている。「市川のなし」には品種の制限はなく、「幸水」「豊水」「新高」「あきづき」が代表品種である。「市川のなし」の品質に関する基準は特段設けられていないが、千葉県の基準（秀、優、良、並）に準じた品質検査を実施している。

(2)　地域団体商標の効果

　地域団体商標の取得後の生産者への効果・変化としては、生産者の一体感が出てきて、意見交換が活発になったことや、生産者としての責任感が増したことがあげられる。たとえば、出荷組合を統合し、出荷単位を大きくして有利販売につなげたり、農薬散布記録簿や栽培履歴の記入が以前よりもていねいにされるようになっている。講習会には農業後継者の出席も増加している。ブランド・品質維持に関しては、生産者から農協に情報提供や提案も増え、生産者間の相互チェックも働いている。さらに、2～3年前からは、農協主体で品質を一定にするために、肥料の統一化も進められている。

　なしの市場価格は、作柄や消費動向等の影響があるので、地域団体商標の取得によって一概に上がったとはいえないが、他産地と比較して高価格帯で販売されている。生産者による直売や宅配では、各生産者が値

をつけているので、値を上げた人もいるし、従来通りの人もいる。地域団体商標の取得によって、「市川のなし」の全国的な知名度は上がり、農協のホームページを経由して生産者の直売を利用する人は増えている。

　農協には、資材管理（出荷容器等）やブランド価値を下げないためのリスク管理・営農指導の責任が大きくなっている。農協は、量販店に対して「市川のなし」のディスプレイ用の出荷容器（底がない箱）を提供したり、生産者に対する農薬安全使用などの講習会を増やしたりして、ブランド維持・向上に取り組んでいる。「市川のなし」に相応しくないなしを直販などしている生産者には指導も実施している。

　それ以外に、農協にとっての地域団体商標の取得のメリットは、職員のモチベーションが上がったことと、市川市や農協名が知られるようになったこと等である。また、市川市内の農協の支店では、地域団体商標の取得後に「市川のなし」の注文販売をはじめており、年々取扱高は増加している。

　地域への効果・変化としては、地域団体商標登録や市川地域ブランド協議会[※2]の発足などがきっかけとなって、農協や市川商工会議所の職員の働きかけにより、今までには一切なかった「市川のなし」を使った加工品の開発・製造・販売が、菓子店などで行われるようになった。

　これを機に、「市川のなし」のピューレを製造販売する新たな会社が誕生したり、14年には市川市農協と山崎製パン㈱が「市川のなし」を使った「梨ウォーター」を共同開発・販売している。

　商工会議所では、「市川のなし」を活用した商品や料理などをPRするために、「市川のなし　食べ歩きマップ」を、毎年リニューアルして1万部を制作・配布している。18年度版のマップには42店舗・56商品が掲載され、店舗の売上や注目度も以前より上がっている店が多く、目当ての店に行くために市川市にくる人もいる。加工用に使用される「市川のなし」は、以前は生産者が直売所で試食用やおまけとして提供していたものなので、加工品の登場によって生産者の所得も向上している。

　「市川のなし」に対する農協の今後の方針は品質の統一であり、その一つの取組みとして18年2月から開始した「ちばGAP」[※3]の評価・認

証の活用がある。果樹部会の若手グループが関心を示しており、現在は9名の生産者が認定を受けている。今後認定者を増やしていきたいと農協は考えている。ちばGAPに取り組んだことによって、今まで生産者のなかで不明確だったことや勘に頼っていたことを「見える化」することができ、手間はかかるものの、作業効率が向上したり、できていなかったことがわかるなどの効果を生じている。

※2　市川地域ブランド協議会の設立目的は、市川の資源を活用して国内外から注目される「市川ブランド」に発展させることを目的としている。構成メンバーは、市川商工会議所、市川市農協、市川市漁協、市川パン菓子商工組合、市川市商店会連合会、市川市観光協会、市川鮨商組合である。

※3　ちばGAPの基準は、農林水産省の「農業生産工程管理（GAP：Good Agricultural Practice）の共通基盤ガイドライン」に準拠した農産物個別基準（「野菜」、「果樹」、「米」、「その他の作物（食用）」）、国際水準GAP認証取得に向けたステップアップのための「オプション項目」（任意取組）、団体の場合に取組みが必要な「団体の管理体制に関する項目」からなる（千葉県HP「『ちばGAP』制度について」）。

3. みのり農協（兵庫県）における「黒田庄和牛」の事例

(1)　黒田庄和牛の概要

　みのり農協は13年3月に、「黒田庄和牛」の地域団体商標を取得している。「黒田庄和牛」は、西脇市黒田庄町で肥育された黒毛和種の牛肉のことである。地域団体商標の取得については、組合員組織である黒田庄和牛同志会から農協に提案があり、西脇市の支援のもと申請が行われた。目的はブランド保護であり、消費者が安心して購入できるようにしたいという思いからであった。

　「黒田庄和牛」の生産農家は13戸（19年8月時点）で、全戸が黒田庄和牛同志会に所属している。全体で約900頭の黒田庄和牛が肥育されており、年間およそ500頭が神戸市中央卸売市場西部市場と加古川食肉地方卸売市場、姫路市食肉地方卸売市場の3か所に出荷されている。

　出荷した肉牛のうち「神戸ビーフ」に認定されることをビーフ率というが、「黒田庄和牛」のビーフ率は80％以上（17年度のビーフ率は87％）で、それ以外は「神戸ビーフ」よりも認証範囲の広い「但馬牛」として認定されている。「神戸ビーフ」と「但馬牛」は、神戸肉流通推進協議会が厳格な認定基準を設定し認証を行っている[4]。

黒田庄町は「神戸ビーフ」の主産地であるが、ほかにも加古川や三田、但馬など兵庫県下には複数存在しており、産地ごとに工夫して、高品質の「神戸ビーフ」を生産する取組みを行っている。しかし、「神戸ビーフ」は国内外に知れ渡っている確固たるブランドであるが、生産者の範囲が兵庫県下であり、それぞれの産地の特色が「神戸ビーフ」には反映されていない。そこで、「神戸ビーフ」としてだけでなく、各産地のブランド牛（加古川和牛、三田牛など）として販売しているケースもあり、「黒田庄和牛」もそのひとつである。ブランドの位置づけとしては、「神戸ビーフ」がマスターブランド、「黒田庄和牛」がサブブランドである。

　農協は、出荷した肉牛の150頭程度を購入して、「黒田庄和牛」として農協の黒田庄和牛直売店とJAみのり特産開発センターで販売している。JAみのり特産開発センターでは、センター内の牛肉加工施設で、「黒田庄和牛」の枝肉を部位（ロース・モモ・バラ肉など）にして黒田庄和牛直売店をはじめ、県内各地のレストランや百貨店等の業者・販売店に卸したり、スライスカットして全国に宅配販売している。また、コロッケやミンチカツなども製造しており、「黒田庄和牛コロッケ」は人気商品である。

※4　神戸肉流通推進協議会は、07年8月に「神戸ビーフ」「神戸牛」「神戸肉」、2007年10月には「但馬牛」「但馬ビーフ」の地域団体商標を取得している。15年12月に「但馬牛」「神戸ビーフ」のGIも取得している。

(2)　地域団体商標の効果

　地域団体商標の取得後の生産者への効果・変化としては、「黒田庄和牛」の知名度が上がり、生産者のモチベーションや誇りが高まったこと、生産者同士の結びつきも以前より強くなったことがあげられる。その一つとして、13年に生産者は農協系統飼料会社と独自の配合飼料を開発し、生産者すべてが統一して使用することによってコストダウンが実現し、「黒田庄和牛」のブランド・品質の安定・向上がはかられている。

　地域への効果・変化としては、地域団体商標の取得によって兵庫県や西脇市が「黒田庄和牛」を支援しやすくなったことがある。15年に「日本のへそ西脇地域食材でおもてなし条例」が制定されたことも手伝って、

16年 2 月に西脇市や商工会議所、地元飲食店等の協力のもと、西脇市の新たなご当地グルメとして「西脇ローストビーフ」の開発が行われた。

「西脇ローストビーフ」の条件は、①「黒田庄和牛」を使うこと、②地元のカラフルな野菜を使うこと、③各店オリジナルソースを作ること、の三つである。現在は市内11店舗で提供されており、マップも制作されている。16年12月には西脇市が、「西脇ローストビーフ」の特産品化に向けて、西脇市の在住・在勤・在学の人からレシピを募集したり、17年 3 月19日には地域経済の活性化のための「日本のへそ西脇おもてなし支援事業」で農協後援のもと、「肉祭〜肉の祭典 in にしわき」を開催したりして、市内外の人々に知ってもらう取組みを継続している。市内の小中学校では「黒田庄和牛」を使用した給食も提供されている。

ふるさと納税の返礼品としても「黒田庄和牛」が活用されており、18年度の寄付額1.5億円のうち 7 千万円を占めている。また、複数の旅行会社のバスツアーの商品に「黒田庄和牛」が取り入れられている。西脇市観光協会の営業の成果ではあるが、地域団体商標の取得・ブランド化によって営業しやすくなったようである。

「黒田庄和牛」をきっかけに、西脇市で生産された山田錦や金ゴマ、播州織などを周知する機会も増加し、西脇市自体の認知度も高まっている。

今後の課題は「黒田庄和牛」の生産者の高齢化・後継者の不在である。それに対して、市は15年度から農業インターンシップ事業を導入し、農業の後継者を育てようとしている。具体的には、「黒田庄和牛」の肥育農家やイチゴ農園への最大10日間の農業体験を行うために、農業体験希望者と受入れ農家のマッチングを実施するという事業である。当事業を通じて、 1 名が肥育農家の従業員として働いているが、後継者不足の解消にはいたっていない。

4．三島函南農協（静岡県）における「三島馬鈴薯」の事例

⑴　三島馬鈴薯の概要

三島函南農協は11年12月に、「三島馬鈴薯」の地域団体商標を取得し

ている。「三島馬鈴薯」は静岡県三島市およびその周辺地域で生産された馬鈴薯のことであり、生産農家は約70戸である。

　農協はもともと、三島の農産物のファンを増やしたいという思いから、08年から「箱根西麓三島野菜」「三島馬鈴薯」「三島甘藷」「函南西瓜」「箱根西麓牛」などの商標を取得しようとしていた。地域団体商標の取得目的は、さらなる知名度・話題性を高めるためであり、実際にマスコミに取り上げられる機会は増加した。また、三島市のご当地グルメである「みしまコロッケ」に使用できる「三島馬鈴薯」を地域団体商標登録によって特定することで、「みしまコロッケ」の認定店（販売店）に「三島馬鈴薯」の利用を促すことも目的のひとつだったようである。

　「三島馬鈴薯」だけでなく、その加工品である「みしまコロッケ」のブランドの保護にもつながっている。なお、17年1月に三島商工会議所が「みしまコロッケ」の地域団体商標を取得している。

(2)　地域団体商標の効果

　地域団体商標の取得後の生産者への効果・変化としては、生産者のより良いものを作ろうとする意欲が向上し、品質管理などの決まり事を守ろうとする意識が強くなったことがある。また、青果市場での評価も高まり、国内でも上位の価格で取引されている。価格が良いこともあるが、生産者や生産量も漸増しており、若手農業者が栽培面積を増やしたり、コロッケを作って販売していた企業が自ら「三島馬鈴薯」の生産を手掛けたりしている。18年度の作付面積は17ヘクタール、生産量は484トンのうち、「みしまコロッケ」への使用量は180トンで、08年度[5]と比較すると、それぞれ約21％、14％、140％増加している（図表2）。

　農協にとっての地域団体商標の取得のメリットは、市場での取引価格が上昇したことと、それにともない農協集荷率が1〜2割伸びたことである。また、地域団体商標の取得によるブランド化によって、農協職員は市場の担当者に対して強気の価格交渉ができるようになっている。12年からは農協による直接販売（買取販売）にも取り組んでいるが、年々増加傾向にあり、これもブランド化によって実現されている面がある。

　ほかに農協職員の変化としては、農産物のPRなどによるブランド化が農協としての業務であるという認識が出てきたこと、地元生産物に対する理解が進んだことがある。以前の農協は外部へのPRやマスコミへの対応をあまりしなかったが、現在は「マスコミからの取材申込みを断らない」という暗黙のルールができているようである。

　また、「三島馬鈴薯」の認知度の向上にともなって、「三島人参」や「箱根西麓三島野菜」などの知名度も上がり、近年は農協から営業に出向かなくても、毎月数件、地域周辺のレストランや首都圏の高級スーパーなどから「三島野菜が欲しい」と問合せがくるようになった。このような一連の動きにともない、農協職員のプライドとモチベーションは高まっている。

　農協では、数年で地域団体商標を取得した「三島馬鈴薯」の話題性が薄れたこともあり、16年10月にさらなる宣伝効果を狙って「三島馬鈴薯」のGIを取得している。GI取得の目的には、ブランド保護や品質の良さのPRもあった。農業祭などのイベントで、「三島馬鈴薯」のパンフレットを配布しているが、一般の人はGIについてほとんど知らないが、「夕張メロンや神戸ビーフと同等のポジション」と伝えると、「三島馬鈴薯」への評価がさらに高まるという。

　GAPの認証については、農協では指導員を2名養成しているが、農協としてGAPに近いことを指導しており、輸出も現状では考えておらず、費用対効果が不明なため取り組んでいない。生産者にとってプラスになることがわかれば認証の取得を検討するようである。

　地域への効果・変化としては、みしまコロッケの会などの地域の関係者が一体となって取り組んだ結果でもあるが、「三島馬鈴薯」を使用し

図表2　三島馬鈴薯の生産量の変化

	08年	09年	10年	11年	12年	13年	14年	15年	16年	17年	18年
作付面積	14ha	14ha	13ha	16ha	17ha	14ha	17ha	17ha	16ha	17ha	17ha
生産量	425 t	432 t	410 t	490 t	474 t	475 t	483 t	514 t	500 t	515 t	484 t
みしまコロッケ使用量	75 t	84 t	125 t	146 t	118 t	129 t	140 t	182 t	175 t	217 t	180 t

資料：みしまコロッケの会

た「みしまコロッケ」の販売量の増加および知名度の向上がある。三島市自体の知名度も向上している。

※5　08年はみしまコロッケを特産品にするために、三島馬鈴薯の生産者、市民、商店、三島市役所、三島函南農協、三島商工会議所、三島市観光協会などを会員とした「みしまコロッケの会」の会が発足した年である。

5. おわりに

　地域名と農産物名を組み合わせた地域団体商標の取得は、生産者のモチベーションや生産に対する誇りを高め、生産者間の連帯感を醸成することに貢献していた。

　農協にとっては、ブランド価値を下げないためのリスク管理・営農指導の負担は増えるものの、農協の求心力を高めたり、職員の意識変化やモチベーションの向上、市場との価格交渉力の強化を実現している。

　地域にとっては、農協や生産者が行政や商工会議所などと協力・連携するきっかけを創出している。「市川のなし」の事例では、市川市内の複数の店舗で複数の商品開発・販売が行われている。その販促にあたっては、商工会議所がマップを制作するなどバックアップをしている。それによって店舗も注目され、「市川のなし」と市川市の知名度も向上し、次の地元を代表する農産物として「市川とまと」の普及もはかられている。

　「黒田庄和牛」も、市や農協、商工会議所の連携のもと PR 活動が実施され、「西脇ローストビーフ」の開発を通じて地元飲食店の魅力度を高めている。ふるさと納税の返礼品や観光資源としても活用されている。

　「三島馬鈴薯」も、地域の関係者が一体となって「三島馬鈴薯」や「みしまコロッケ」を PR することで三島市の知名度を高め、他の農産物のブランド化にも貢献している。

　地域団体商標登録された農産物は、地域のフラッグ（関係者が共感・共有できる地域活性化に資する農産物）としての役割が期待され、行政や商工会議所、観光協会などから協力を得やすいという効果がある。それによって、農産物の PR だけでなく農商工連携や農泊、新規就農、移住・

定住などへの幅広い取組みを展開することが可能であり、地域活性化にもつなげることができる。そして、農産物と地域の好循環を生み出し、地域全体の盛り上がりの創出が期待される。

　そのために重要なことは、地域団体商標登録された農産物に対する地域内の人々の認知度を高め、地元で消費できる体制を構築することである。それによって、地域内でブランドが浸透し、それを地域外の人々が認知し、広範囲でのブランド化が実現される。

　地域外のみを対象とするブランド化への取組みは、成功しても一過性のものになりやすい。地域内の人々に農産物のブランドが定着することで、安定した地元消費が促され、地域外への発信力も高まると考えられる。本章の3事例は共通して、地域内の人々に農産物を知ってもらうための様々なイベントを行政や農協、商工会議所などの関係組織と連携して企画し、試食する機会をつくったり、加工品を開発したりして農産物のブランド化をはかっている。

　農協としては、地域団体商標登録された農産物をフラッグとして、地域の他組織と連携することで地域ブランド化をはかることは重要であるが、それ以前として生産者の「良いものをつくりたい」という意識・プライドを高めることが求められる。農産物を活用した地域ブランド化は、そもそもの主役は生産者であり、生産者なくして実現できないのである。

　その際に陥りがちなのは、農産物の品質を高めることばかりに傾注してしまうことである。それだけではなく、地域団体商標によって広く知ってもらう活動をして、生産者の意識を高めることが必要である。対外的なPR力が高くないとしても、生産者は国から名称が認められている農産物ということで生産に対する意識を高めることができる。また、加工品開発・販売などの地域内の業者などからのバックアップによっても、生産者のモチベーションは高まるであろう。

　生産実績の短い農産物は、地域団体商標をフラッグとして活用し、地域内の協力を得ながら地域ブランド化をはかるのが望ましいと考える。その後、GAPなどを通じて品質管理を強化し、GI取得によってさらなるブランド強化をはかるプロセスがあるだろう。高品質なものを生産す

ることに専心し、その後ブランド化するのではなく、一定程度のものを
ブランド化し、その浸透後にさらなる品質の向上をはかるほうが、生産
者のやる気や生産に対するコミットメントは高まるであろう。

　農協は、営農指導などを通じて、生産者のやる気・プライドを醸成す
ることが役割であり、そのために地域団体商標やGI、GAPなどを活用
することが求められる。そして、それには常に生産者の所得向上につな
がるかどうかを意識することが必要である。

（参考文献）
茂野隆一ほか『農協における農産物のブランド取得の効果と課題に関する調査』（総研レポ
　　ート2017年11月）
尾中謙治「農協における農産物の地域団体商標登録の効果と課題」『農林金融』（2017年11
　　月号）
尾中謙治「農協における他組織との効果的な連携と展開―農協と大学・鉄道会社との連携
　　事例を通じて―」『農林金融』（2018年11月号）
尾中謙治ほか『農協と商工会・商工会議所との連携に関する調査』（総研レポート2019年3月）
尾中謙治「『市川のなし』の商品開発と域内取引の効果―市川市農協と市川商工会議所の連
　　携事例―」『農中総研　調査と情報』web誌、（2019年9月号）
https://www.nochuri.co.jp/report/pdf/nri1909gr2.pdf
尾中謙治「地域一体となって取組む『みしまコロッケ』のブランド化」『農中総研　調査と
　　情報』web誌、（2019年9月号）
https://www.nochuri.co.jp/report/pdf/nri1909gr1.pdf
特許庁ウェブサイト「地域団体商標制度について」
https://www.jpo.go.jp/system/trademark/gaiyo/chidan/index.html
特許庁「地域団体商標制度について（平成31年度地域団体商標制度説明会テキスト）」（2019
　　年4月）

第III部

営農経済事業の
多角的検討

第I部

第II部

第III部

第IV部

第8章

JA出資型農業法人の動向と新たな役割

小針 美和

1. はじめに

　本章では、JAが直接的に農業経営にかかわる「JA出資型農業法人※1」について考えてみたい。まず、前半では、1990年代以降のJA出資型農業法人の動向を概観する。後半では、地域農業の課題解決に向けて先進的に取り組む事例をもとに、今後、JA出資型農業法人が果たすべき新たな役割について考察したい。

※1　JAや連合会が出資する農業経営を行う法人の呼称は統一されていないが、本章では「JA出資型農業法人」とする（ただし、引用の場合は原典のままとしている）。また、連合会による出資もあるが、両者を区分すると煩雑になるため、連合会による出資も含めてJA出資型農業法人とする。

2. JAグループにおけるJA出資型農業法人の推進の展開

　JAの農業経営への直接的な関与が制度的に容認されたのは、1993年の農地法改正を端緒とする。同改正によりJAが農業生産法人（現在の農地所有適格法人）に出資したり、法人を設立することができるようになった。

　ただし、JAグループは当初からその活用を積極的に推進してきたわけではない。JAの役割は、本来的に農家組合員が行う農業経営を総合的にサポートすることと考えられており、JAが農業経営そのものに参

画することは、その役割を大きく変えることを意味する。

　また、90年代においては、「農地を貸し出すと戻ってこなくなるのではないか」と、他の農業者に貸すことに強い抵抗感を持つ農家も少なくなかった。そのため、「農協なら貸してもよい」という組合員からの信頼が、その裏返しとして、農家組合員の経営拡大を阻害してしまうことにもなりかねないことが懸念され、JAの農業経営への参画には慎重な対応が求められたのである。

　しかし、担い手不足が深刻化する地域が増えるなかで、JA出資型農業法人の位置づけも変わっていく。JA全国大会決議における担い手育成に関する取組みとして、第22回大会決議（2000年）では、「地域の農地保全をはかるため、『JA出資の農業生産法人』の設立とその活用に取組む」こととされ、現場で取り組む際の指針として「JA出資型農業生産法人の取組み原則」が示された。

　第25回大会決議（09年）では、同年の農地法改正によりJAも自ら農業経営が行えるようになったことを受けて、「JAの農業経営にかかる地域農業の振興は農家組合員が行うことが基本であるが、担い手が不足する地域においては、JA内部や地域での合意を前提に、JA出資型農業生産法人やJA本体により、JAが農業経営を行う」とされ、その指針も「JA出資型農業生産法人の取組み原則」から「JAの農業経営にかかる実施・運営原則」に改められた。

　その後の第26回大会決議（12年）では、「新たな担い手の一翼として、JA出資法人及びJA本体による農業経営の取組みを推進する」こととされた（傍点筆者）。そして、直近の第28回では、これまでの大会決議と同様、JAによる農業経営を推進するとともに、連合会によるJA出資型農業法人への出資や、中央会によるJA出資型農業法人の経営モニタリングや管理者研修の実施など、中央会・連合会組織による法人支援の強化も謳われている。

　このように、2000年代以降の農業構造や農業をめぐる環境変化のなかで、JAグループの地域農業振興政策において、JA出資型農業法人の位置づけは、年を追うごとにより重要なものとなってきている。

3．JA出資型農業法人の動向

(1)　増加するJA出資型農業法人数

　図表1は、JA全中が毎年実施している「JA出資型農業法人に関する全国調査」（以下「全中調査」という）をもとに、JA出資型農業法人（以下、「出資法人」とする）数の推移をみたものである。

　JA出資型農業法人は増加しており、2017年時点では646法人と93年の14法人の約46倍に達している[※2]。とくに、2000年代半ばに法人数が大きく増加した。

　その背景としては、一定規模以上の担い手に政策対象を限定した品目横断的経営安定対策（現在の経営所得安定対策）の導入をはじめとした、稲作を中心とする土地利用型農業に関する農政の大きな転換がある。また、この時期から、いわゆる昭和一けた世代のリタイアが本格化し、担い手不足や遊休農地が顕在化する地域が増えたことで、その受け皿となる組織として出資法人を設立する動きが進んだと考えられる。

　法人数の増加のみでなく、既存の出資法人の規模拡大も進展している。経営耕地面積が30ha以上の出資法人の数を5年前と比較すると、136法人（12年）から165法人（17年）に増加しており、なかでも70～100ha未満、100ha以上の法人は3割以上増加している（図表1）。

※2　なお、JA自ら農業経営を行っているのは59組合で、それらをあわせたJAによる農

図表1　JA出資型農業法人数の推移

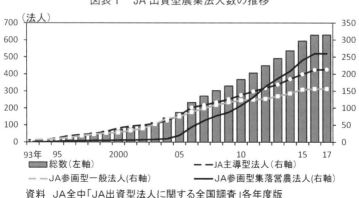

資料　JA全中「JA出資型法人に関する全国調査」各年度版

業経営の合計は705となっている。

(2) 栽培品目の増加

　また、出資法人の栽培品目も増加している。17年調査では、水稲（食用米）が279法人、水稲転作が245法人と、土地利用型を主体とする法人が過半を占めているが、露地野菜に取り組む法人も増加しており、142法人となっている。また、08年度と比較すると、施設野菜は20法人から74法人、果樹は11法人から40法人、酪農・肉用牛も10法人から32法人へと、10年間で3倍から4倍近くになっており、法人数が急増していることがみてとれる（図表2）。

図表1　規模別にみた JA 出資型農業法人数

（法人数）

	2012年	2017年
JA出資型法人数	491	646
うち30ha以上	136	165
うち30〜70ha未満	82	92
うち70〜100ha未満	18	25
うち100ha以上	36	48

資料　第1図に同じ

図表2　JA 出資型農業法人の主な栽培品目

（法人数）

	2008年	2017年
水稲	132	279
水稲転作	87	245
露地野菜	−（注1）	142
施設野菜	20	74
果樹	11	40
肉用牛	10（注2）	18
酪農		14

資料　第1図に同じ
注1　08年調査では、露地野菜の項目なし
注2　08年調査では、肉用牛・酪農を
一つの選択肢として調査を実施

　とくに近年は、飼養戸数の減少に歯止めがかからない等、生産基盤弱体化の懸念が広がる酪農・畜産分野において、出資法人の機能を活用することで対応しようとする動きが目立つ。出資法人の多くが水田作を中心とした経営であることには変わりはないものの、主産地といわれる地域においてもその担い手が不足しつつあり、法人設立や新たな経営部門の創設により対応するケースが増えている。

(3)　地域における JA 出資型農業法人の位置づけの変化

　出資法人は、原則として地域でほかに引き受け手のない農地を耕作することとなるので、条件不利農地を引き受けざるを得ないケースも少なくない。しかし、条件不利農地の増加は経営の圧迫要因になる。実際、出資法人へのアンケートによれば、経営課題として4割を超える出資法人が「圃場分散が激しいことや条件不利地域が多いため、効率が悪い」と回答している。

　また、農業従事者の高齢化・リタイアは、既存農業者の規模拡大、新規就農や企業参入による経営面積の増加を大きく上回るスピードで進んでいる。農林業センサスによれば、05年に24.3万 ha だった耕作放棄地面積は10年に33.4万 ha へと増加し、15年には42.3万 ha に及ぶ。

　遊休農地が地域にまだ少ししかない状況であれば、出資法人がその穴を埋めることで地域農業を維持することも可能であろう。しかし、現状では、遊休農地の加速度的な増加に歯止めがかからず、出資法人のみでは対応が困難となっている地域も増えているとみられる。

　一方で、この間に国の担い手政策も大きく変わった。既存の経営体においては、経営政策における担い手への施策集中や法人化が推進され、新規就農や企業の農業参入に関する法制度も大きく変わっている。09年の農地法改正により、貸借（リース方式）であれば、株式会社等一般企業の農業参入が可能になり、参入法人数は3千法人を超えている。また、青年就農給付金制度（現在は、農業次世代人材投資資金）の創設や、農の雇用事業による雇用就農者の受入れ、第三者継承の支援強化等、新規就農者に対する政策プログラムも充実している。担い手育成・確保の手段

の選択肢が増えるなかで、地域における出資法人のありようも変化していると考えられる。

⑷　多様化する JA 出資型農業法人のかたち

　実際に、出資法人のタイプは変化している。出資法人は、JA の出資比率や法人の組織形態によりおもに以下の三つのタイプに分類できる。一つは、①議決権の50％超を JA が出資し、JA が主体的に経営を行う法人（「JA 主導型法人」とする）である。もう一つは、地域の担い手を中心とする法人等に JA が出資者（議決権の50％未満）として参画し、地域の抱える課題解決や法人経営の支援強化をはかるもので、②集落営農法人に出資するケース（「JA 参画型集落営農法人」とする）と、③集落営農以外の農業法人に出資するケース（「JA 参画型一般法人」）とがある。

　図表 1 によりタイプ別の法人数の推移をみると、2000年代までは JA 主導型法人と JA 参画型一般法人が増加傾向にあり、両者はほぼ同数であった。10年代に入ると JA 参画型一般法人の増勢が弱まる一方で、JA 主導型法人数は増加傾向が続いている。

　JA 参画型集落営農法人は、品目横断的経営安定対策の導入を控え、集落営農の組織化・法人化が推進された2000年代後半以降、急速に法人数が増加しており、12年には JA 主導型法人を超え、現在、三つのタイプのなかでもっとも法人数が多くなっている。すなわち、JA が主体的に農業生産を行うのみでなく、出資を通じた担い手との連携により、JA が農業経営にかかわるというスタイルが増えている。

　また、正確な数は把握できていないが、連合会（JA 全農（県本部）や経済連）が、単協の出資により設立された出資法人に出資したり、連合会が単独で地域の農業法人に出資する動きもある。ただし、これまでの連合会による出資は、出資比率を連結決算の対象とならない15％未満に抑えるケースがほとんどで、連合会が運営に参画するというよりも、出資を通じた農業法人との関係強化を目的としていた。

　しかし、15年に、西日本鉄道が持つ商品企画、販路などのノウハウと JA 全農の持つ営農生産指導のノウハウを組み合わせ、総合的な農業振

興を目指す会社として、両社の共同出資（西日本鉄道51％、JA全農49％）による㈱NJアグリサポートが設立されるなど、連合会による出資にも新たな展開がみられる。このように、出資法人といっても、出資比率や運営への関与の度合いは一様ではなく、それぞれの事業目的や規模に応じた組織形態が選択されている。

4．多様化・高度化するJA出資型農業法人の事業

　先進的な出資法人では、地域農業の課題を解決し、農業振興に向けた取組みを進めるため、新たな事業に取り組んでいる。以下では、足もとで注目される動きをみていきたい。

⑴　新規就農研修事業の進展

　出資法人の事業として着実な進展がみられるのが、新規就農研修事業（以下「研修事業」）である。全中調査によれば、研修事業に取り組むと回答した法人数は、2004年では5法人、08年では10法人にとどまっていたが、17年調査では91法人に大きく増加した。これまでに全国で600人を超える研修生を受け入れ、実際に就農した人数も300人を超える。

　出資法人における研修事業の特徴の一つが、研修期間が長く、かつ実践的な研修プログラムを有しているケースが多いことにある。全中調査では、研修事業を行う出資法人の6割以上が研修期間を1年以上と回答しており、そのうち2年と回答した法人が28法人、2年以上も13法人となっている。

　また、一般的に、新規就農は設備投資が比較的少ない野菜作で取り組むケースが多いなか、JA保有施設等の活用により、果樹や酪農等の初期投資が大きい品目の新規就農プログラムを有する出資法人もある。

　たとえば、09年度から研修事業に取り組んでいる長野県の有限会社信州うえだファームは、就農希望者を同社の社員として雇用し、2年間栽培・経営全般にわたって実践的な研修を行う。事業開始当初は野菜が中心であったが、近年では、荒廃の進行が懸念される樹園地の再生プログラムとセットとなった、果樹のプログラムも整備された。高齢化等で農

家組合員による営農継続が困難となった農地を、ＪＡが行なう農地利用集積円滑化事業等を活用して出資法人が借り受け、再整備して研修圃場とし、研修期間終了後、研修生が独立する際にはその農地を引き継いで営農を継続できる仕組みになっている。

独立の際には、農地のみでなく、住宅の紹介や斡旋等も関係機関と連携して行っている。新規就農者の営農面のみならず、生活面に渡る細やかなサポートが可能になっていることも、地域を基盤とするＪＡを母体とする強みであり、それが新規就農者の定着にもつながっている。

また、就農希望者は、ＪＡ管内のみならず広く全国的に募集をかけるケースも多い。いわば、地域に農業者を呼び込み育てる、インキュベーション機能を果たしている。

(2)　農業関連企業との共同出資による連携強化

農業生産の縮小や生産基盤の弱体化は、農業部門のみならず、川上・川下の関連産業の事業規模縮小や、地域経済の衰退にもつながる。そのため、生産基盤の維持に向けて、ＪＡと企業等との共同出資による出資法人の設立により、それぞれのノウハウや機能を活かした新たな事業に取り組む事例も増えている。

たとえば、北海道の酪農地帯にあるＪＡしべちゃでは、ＪＡ、株式会社雪印種苗（以下、雪印種苗）、標茶町の三者の出資により株式会社ＴＡＣＳしべちゃを設立し、草地型酪農による新たな低コストモデル経営の実践や新規就農者育成に取り組んでいる。既存の経営スタイルを超えた新しい経営モデルの構築には、技術改良や新技術の開発が不可欠となり、生産者のみで行うには限界がある。そのため、ＪＡには、雪印種苗が有する牧草や飼料等に関する豊富な専門知識、ノウハウを活用したいという希望があった。

一方、雪印種苗にも、生産者との連携を密にすることで、現場のニーズを把握し事業に活かすとともに、新規就農者の育成等酪農生産の向上に貢献したいという意向があった。また、標茶町も、新規就農者の定着に向けた、廃校となった小学校を改築した講義やミーティング会場とな

るホール、単身者・夫婦での滞在に適した居室の用意など、就農希望者がじっくり腰を据えて酪農を学べる環境作りに協賛し、三者のニーズが一致して新法人の設立に至った。

川下の企業と連携する動きもある。北陸では、地域の青果卸業者が設立した農業法人にJAも出資している。青果卸業者は、地域には伝統野菜やブランド力のある青果物を生産するポテンシャルがあり、実需からのニーズもある一方で、生産現場は担い手不足と耕作放棄地増加が深刻化しており、そのニーズに応えられないことに危機感を感じていた。そこで、流通業者の強みを活かした、生産から販売まで一貫した流通体制のもと、新しい農業生産モデルの構築と生産力の強化を目指して農業に参入した。

同社では、19年から、実需からのニーズに生産が追いついていないアスパラガスのハウス栽培に向けて園芸ハウスなど施設整備に着手している。これにあわせてJAが同社に出資し、連携して事業を行うこととしている。野菜生産の一部はJAの仲介を通じて管内の農家組合員に委託することとしており、農家組合員は設備投資なしに生産規模の拡大が可能となる。また、農閑期にはJAでの加工作業を同社社員が受託できるようにし、通年雇用の実現をはかる。

(3)　新しい技術や経営手法の導入・普及

農業者の高齢化が進み、地域の労働力もひっ迫するなかにあって、生産性向上のための新技術の導入や、GAPの取得による経営環境の改善や販売力強化など、農業者個人で取り組むのはむずかしい事業に、出資法人が先駆的に取り組み、地域への普及をはかる動きも進んでいる。

新技術の開発・普及に向けては、農林水産省等の実証事業に出資法人が参画する事例が増えている。たとえば、宮崎県経済連の出資法人株式会社ジェイエイフーズみやざきは、スマート農業実証プロジェクトに実証経営体として参画している。同社は、事業のひとつとして、主たる作業工程の機械化と農業者との分業に基づく、業務用ホウレンソウの栽培を行っている。農業者と同社との分業の度合いは、土づくりや管理作業

以外同社が担う「全作業委託」から「部分作業委託」、「作業委託なし」まで農業者の状況にあわせて調整しており、現在、63経営体と連携して96ha を栽培している。

しかし、農業者の高齢化により、「部分作業委託」または「作業委託なし」の農業者が経営する40ha のうち、半分の20ha が今後5年間で「全作業委託」もしくは同社の直接生産に移行するとみられ、現状の同社の体制のままではすべてをカバーすることができず規模縮小が懸念される状況にある。そこで、同社が最先端の生産管理システム、センシング技術を取り入れた新たな栽培体系を確立することで生産性を高め、将来農業者が減少しても産地を維持・拡大できる体制の構築を目指している。

また、東海地方の、出資法人では自社農場におけるリーフレタス栽培でJGAP の認証を取得したケースもある。JA では、GAP の手法の導入による農業経営の改善とともに、GAP の普及拡大により管内農産物の信頼性向上につなげたいと考えており、出資法人の取組みをモデルケースとして園芸部会等へ積極的に GAP 取得を呼びかけていくこととしている。

(4)　地域農業のサポートやコーディネート

最後に、近年注目される現場の動きとして、単独では法人としての運営がむずかしい生産組織の事務や組織運営のサポートを行ったり、集落営農法人を束ねて新たな共同事業に取り組むなど、既存の組織の補完や連携機能を担う新たな出資法人の設立がある。

東北地方の JA では、管内全域を対象地域とするネットワーク法人が設立された。品目横断的経営所得安定対策の導入の際、地域の生産組織等が提出した法人化計画の期限が迫っており、耕作面積が小さく、山あいにあり他の集落組織との一体的な運営がむずかしい等、単独では法人化が困難な生産組織への対応が課題となっていた。そこで、出資法人が法人化の困難な生産組合をネットワーク化し、労務、財務等事務の一元管理、農業機械やオペレータ等の地域間連携の調整を担う仕組みの構築を目指している。

　また、山口県では、既存の集落営農法人は維持しつつ、複数の集落営農法人等の出資により新たな法人を設立し、集落をまたいで共同事業に取り組む動き（山口県では「集落営農法人連合体」と呼ぶ）が広がっている。山口県では、集落営農組織の組成・法人化を積極的に支援しているが、本格的な推進を開始してから10年以上が過ぎ、構成員の高齢化が進展する一方で、後継者育成や十分な雇用の確保ができないなど、法人化していても今後の経営継続が危ぶまれる法人が増えていることが課題となっていた。

　2017年7月に設立された株式会社長門西は、長門市にある四つの集落営農法人とJAが出資した出資法人であり、耕地面積は四つの集落営農法人をあわせると100ha近くになる。JAと協力した主食用米商品開発とそれに対応した共同育苗事業の開始、ICT活用に向けた圃場情報の整備、JA施設を利用したドローンの教習など、所得向上や省力化に向けた新たな事業に共同で取り組んでおり、18年には新法人で専任従事者を雇用することが可能となった。

5. おわりに

　今後、担い手農業者への農地集積がさらに進むと見込まれるなかで、前項でみた連携機能を担う出資法人のように、出資法人が自らの農業経営を行うのみでなく、地域の農業者をまとめるコーディネーターとしての機能を発揮し、地域農業の維持・発展に貢献するというスタイルは、より有効性を帯びてくると考えられる。

　また、本章では、出資法人の機能や役割として今後重要になると考えられることをわかりやすく整理するため、特徴的な取組みを取り上げて紹介したが、先進的な出資法人では、これらをうまく組み合わせ、総合的に事業を展開することで、地域の課題解決に取り組んでいる。JAや出資法人の持つ「総合力」を進化させ、発揮することで、地域農業、ひいては地域社会の活性化を牽引しているといいかえることもできよう。

　農業、地域社会を取り巻く環境がいっそう厳しくなるなかで、山積するさまざまな課題を解決するためには、この総合力を発揮した取組みが

今後より重要になろう。JA 出資型農業法人に期待される役割も、ますます大きくなるものと考えられる。

〈参考文献〉
・西日本鉄道株式会社プレスリリース「西鉄沿線の農業振興を目指して西鉄・JA 全農新会社「株式会社 NJ アグリサポート（仮称）」について─西鉄と JA 全農の協同事業─」www.nishitetsu.co.jp/release/2014/14_175.pdf
・宮崎県「スマート農業の社会実装に向けた取組について」(2019年 2 月第12回未来投資会議構造改革徹底推進会合「農業・地域インフラ」会合報告資料)
・吾郷智之 (2019)「全国農業改良普及職員協議会長賞 JA 出資型集落営農法人連合体の設立・育成」『技術と普及』第56巻第 3 号、41〜43ページ
・山口県報道発表「長門市で初の集落営農法人連合体である JA 出資型法人「株式会社長門西（ながとにし）」が設立します。」
https://www.pref.yamaguchi.lg.jp/press/201706/037720.html
・小針美和（2018)「JA 出資型法人について考える」『月刊 JA』2018年11月号28〜31ページ

第9章

専門農協の現状と
営農経済事業推進の足跡

若林　剛志
<small>わか　ばやし　たか　し</small>

1．あまり知られていない専門農協

　農協の2019年3月末の総組合数は1,315、その中に組合員数100人で総事業収入400億円という農協がある。これを聞いてどこの国の農協だと考えるであろうか。実は、まぎれもなく日本に存在する農協群あるいは農協の数値である。しかし、これらは総合農協でなく専門農協にまつわる数値である。

　総組合数で全国に649ある総合農協を上回り、一部に事業収入の大きい組合があるにも関わらず、専門農協は日本における農協の主流とはいいがたい。むしろ、専門農協はあまりよく知られていないといった方が正しいのかもしれない。

　すべての農協は、農協法を根拠法として設立されている。したがって総合農協と専門農協という区別は、単なる分類上の問題といえるが、両者の性格は大きく異なり、分類にはそれなりの意味がある。

　それでは専門農協とは何か。もっとも一般的な定義を知るには総合農協のそれを知る必要がある。

　総合農協は「信用事業を行う農協」であるという統計上の定義があり、農林水産省が公表している「農業協同組合等現在数統計」「専門農協統計表」「総合農協統計表」の三つの農協関連統計ではこれに基づいた分

類を行っている。このように、総合農協の定義は存在するが、専門農協には特段の定義が記載されていない。農協の統計分類上は、総合農協と専門農協のみが存在するので、専門農協は信用事業を行う農協以外のすべての農協ということになる。本章ではこれを専門農協とみなす。

　専門農協は総合農協以外のすべてであるから、そこに含まれる農協も多様である。それにともない、統計では専門農協を九つに区分している。ちなみに総合農協に区分はない。

　本章の目的は、専門農協の置かれている現状を論じることであるが、専門農協の視座から、組合員の農業所得向上に直結する総合農協の中核事業である営農経済事業を多角的に検討することを念頭に置いている。したがって、専門農協の全体を射程としつつも、まずは統計上九つある区分のうち、主として営農経済事業を行っている一般、畜産、酪農、養鶏、園芸特産に区分される農協を想定しながら論じたい[※1]。

　しかし、この５区分に絞っても、多様な専門農協と総合農協とを照らし合わせるには不十分となるおそれがあるので、第３節では「養鶏」区分の農協、第４節では採卵鶏経営体を構成員とする養鶏農協の現状から、総合農協に示唆を与えたいと考えている。

　本章の構成は次の通りである。次節では、統計数値をもとに専門農協の現状を確認する。第３節では、大きな変容を遂げた養鶏部門に身を置く養鶏経営体によって構成される養鶏農協が、営農経済事業を推進してきた結果どのような状況になっているのか、第４節では、数は少なくなったが、現在も営農経済事業を行っている養鶏農協を例示し、事例農協が体現している全利用について考えることで、総合農協の営農経済事業を多角的に検討する際の視点を提示したいと考えている。

※１　各区分に含まれる組合について簡潔に記述しておく。「一般」に含まれる組合は、複数の品目や事業を行う組合が該当する。1995年からは信用事業を行わない開拓農協がこの区分に含まれている。「畜産」は、肉用牛や馬等を取り扱う組合が該当する。ただし、養蚕は今回対象としない「その他」に含まれる。「酪農」に含まれる組合は、もちろん酪農協である。酪農協の中には、かつて総合農協だったが信用事業を譲渡して専門農協となった組合が相当数存在する。「養鶏」は、おもに肉用鶏や採卵鶏経営体を組合員とする養鶏農協である。「園芸特産」は、園芸品目を取り扱う農協である。その多くは茶農協である。

２．統計にみる専門農協の現状

(1)　組合数

　図表１は専門農協数である。2019年３月末の組合数は1,315であり、それぞれ出資組合が664、非出資組合が651組合であった。同時期の総合農協の組合数は649であったから、総専門農協数はもちろんのこと、出資組合数でも非出資組合数でも専門農協数が総合農協数を上回っていることがわかる。ちなみに、専門農協には上述の品目や事業内容を鑑みた九つの区分とともに、出資の有無に基づいた分け方がある。農協は必ずしも出資をともなって設立し、事業を展開する必要がないからである。ただし、信用事業を行う場合は出資が義務づけられるので、すべての総合農協は出資組合である。

　組合数全体のうち45％にあたる593が対象５区分の組合であるが、出資有無別に組合数をみると、本章が対象とする５区分は出資組合が、対象としない４区分は非出資組合が多い。対象５区分は、施設整備等で組合員による出資が必要であったこと、その他４区分に比し、この５区分の中にかつて信用事業を行っていた組合が多いことなどから出資組合が多いものと推察される。

　なお、図表には掲載していないが、専門農協も総合農協と同様に、経年的に減少している。専門農協数は1954年度の22,367組合が、総合農協は1950年度の13,314組合がピークであり、いずれもその後はほぼ一貫し

図表１　専門農協数（2018年度）

（単位：組合）

	対象5区分					小計	その他4区分	組合計
	一般	畜産	酪農	養鶏	園芸特産			
全体	117	87	138	47	204	593	722	1,315
うち出資	62	81	135	46	184	508	156	664
うち非出資	55	6	3	1	20	85	566	651

資料：農林水産省「農業協同組合等現在数統計」
注：その他４区分に含まれるのは、「牧野管理」「農村工業」「農事放送」「その他」である。

て減少している。

(2) 組合員数と正組合員数別組合数

　図表２は、組合員数等の状況を示したものである。本表を確認するうえで注意すべき点を先にあげておく。この表は「専門農協統計表」をもとに作成されているが、「専門農協統計表」はすべての専門農協の集計値ではない。すでに事業を行っていない等の理由から報告組合数が限られていることが影響している。最新の2017年度における総組合数に占める同統計集計組合数の割合は37％であった。

　2017年度に集計された専門農協567組合の合計組合員数は14万人である。この数は、報告数657の総合農協の合計組合員数の1,051万人と比べると、とても少ない。正組合員数で見ても、専門農協が11万人と、総合農協の430万人と比べ少ないことがわかる。

　参考に、1956年度の組合員数を同表に掲載した。当時の組合員数は専門農協が101万人、総合農協が699万人となっている。したがって、この61年の間に、専門農協は組合員数が減少し、総合農協は増加したことがわかる。

図表２　組合員数等の状況

2017年度　　　　　　　　　　　　　　（単位：千人,組合）

	集計値			
	総合 (A)	専門 (B)	うち 養鶏	(A)/ (B)
組合員数	10,511.3	144.1	1.3	72.9
正組合員	4,304.5	106.0	1.1	40.6
准組合員	6,206.8	38.2	0.3	162.7
常勤役員数	3.0	0.3	0.03	11.0
職員数	200.0	4.8	0.8	42.1
組合数	657	567	33	1.2
＜参考＞1956年度				
組合員数	6,993.4	1,007.0	24.0	6.9
正組合員	6,283.2	977.6	22.1	6.4
准組合員	710.2	29.4	1.9	24.2
組合数	11,638	11,310	118	1.0

資料：農林水産省「専門農協統計表」「総合農協統計表」

　組合員資格別にみると、正組合員数は、専門農協も総合農協も減少し、准組合員数は、専門農協ではわずかな増加にとどまったが、総合農協では大きく増加した。

　専門農協と総合農協の組合員数の差の拡大の要因として、専門農協が合併を選択せず、主として解散により減少していること、専門農協が総合農協の一部となり吸収されたことがあると考えられる。また、組合員のうち正組合員数の差の拡大要因として、上記のほかに総合農協の多くが採用している1戸複数正組合員制を、専門農協ではあまり採用していないことも影響しているのではないかと思われる。

　図表3は、正組合員数別に見た組合数の分布である。専門農協の51.1％と約半数の組合が、正組合員数50人以下となっている。一方、1,001人以上の正組合員数を持つ組合の割合が79.1％である総合農協に対し、専門農協は3.7％となっており、正組合員数でみた個別専門農協の規模は小規模であることが確認できる。

(3)　組合数の増減要因

　図表4は、専門農協数の増減要因を示したものである。統計上の連続性を考慮し、1995年から2018年までの23年間の組合数の増減要因を確認する。

　表を確認するうえで注意が必要なのは、期間中に3回の合併を経験している農協は3回カウントされており、延べ数となっている点である。

　さて、専門農協数が減少してきたおもな要因は普通解散と解散命令に

図表3　正組合員数別組合数の分布割合（2017年度）

（単位：％）

	割合	50人以下	51〜100人	101〜500人	501〜1,000人	1,001人以上
専門農協	100	51.1	16.9	23.8	4.4	3.7
うち出資組合	100	54.1	15.6	20.9	5.3	4.1
うち非出資組合	100	43.0	20.5	31.8	2.0	2.6
うち養鶏	100	84.8	15.2	−	−	−
総合農協	100		12.2		8.7	79.1

資料：農林水産省「専門農協統計表」「総合農協統計表」

よる解散であり、解散命令による解散が910組合ともっとも多い。一方、総合農協の減少要因は合併解散である。専門農協のうち出資組合については、普通解散が542と多いが、非出資組合では解散命令による解散が482組合で最多となっている。解散命令は１組合に対して１回発せられ、その後解散となることから、期間中に解散命令によって910の専門農協がなくなったことになる。

若林（2016）でも言及されているように、「養鶏」に区分される組合の減少要因は特徴的である。養鶏農協は合併による解散がなく、そのほとんどが普通解散または解散命令による解散である。生産資材調達および販売において総合農協が養鶏にかかわる機会が少ないこと等が、合併をせず解散するという特徴の生じる要因となっていると考えられる。

専門農協の増加要因の第１は定款変更である。定款変更による専門農協数の増加は、すべて出資組合の増加として計上されており、その数は89である。定款変更による増加の多くは、総合農協が信用事業をやめ、専門農協となったためであると推察される。とくに、専門農協数の増加要因となった組合の区分は「酪農」であり、その数は146のうち78と全体の半数以上を占める。酪農協は、１県１酪農協を標榜し合併（一部は総合農協と合併）を続けていたことから、「酪農」区分の組合の新設認可および合併設立の数は26あり、定款変更による増加は52組合あった。

図表4　組合数の増減要因（1995年度-2018年度）

（単位：組合）

		総合農協	専門農協	うち出資組合	うち養鶏
増加	新設認可	14	37	36	4
	合併設立	369	20	20	0
	定款変更	34	89	89	3
	その他	3	0	0	0
	計	420	146	145	7
減少	普通解散	54	843	542	72
	合併解散	2,337	97	180	0
	解散命令による解散	7	910	428	63
	定款変更	106	18	16	0
	その他	4	288	163	15
	計	2,508	2,256	1,329	150
増減		▲ 2,088	▲ 2,110	▲ 1,184	▲ 143

資料：農林水産省「農業協同組合等現在数統計」

(4)　専門農協の販売・取扱高

　図表5は、2017年度における専門農協と総合農協の販売・取扱高を比較したものである。これをみると、畜産物で専門農協の販売・取扱高が大きくなっており、鶏卵とブロイラーでは、専門農協の数値が総合農協を上回っている。すでに述べたように、専門農協の九つの区分のうち、5区分の組合がおもに営農経済事業を行っており、そのうち「畜産」「酪農」「養鶏」の三つが畜産関連である。販売・取扱高でみてもわかるように、今や営農経済事業を行っている専門農協の中心は畜産となっているということができるであろう。

　ただし、専門農協と総合農協の数値を比較する場合には注意も必要である。たとえば、専門農協では鶏卵を自ら出荷・販売しているのに対して、総合農協では組合員が農協ではなく連合会やその関係会社に直接出荷している場合があり、総合農協の販売・取扱高に計上されていないことがある。こうしたことが表中の数値に反映されていることが推察される。

　専門農協と総合農協との間で対比できる項目は少ないが、約60年前の1956年度の販売・取扱高を確認すると、2017年度と比べ畜産物において専門農協の数値が総合農協に近かったようである。

図表5　販売・取扱高

2017年度	総合 (A)	専門 (B)	(B)/(A) *100
米	8,904	2	0.1
野菜	13,562	210	2.1
果実	4,287	121	1.1
茶	500	52	10.0
花卉・花木	1,264	346	25.6
生乳	4,754	1,910	41.9
鶏卵	191	277	174.8
ブロイラー	42	80	365.6
肉用牛	5,586	409	9.3
肉豚	1,048	32	2.7
販売・取扱高	46,849	4,461	10.0

（単位：億円，%）

<参考>

1956年度	総合		専門	
米		2,596		−
青果物		215	園芸特産	65
畜産物		149	酪農	79
			畜産	22
			養鶏	20
販売・取扱高		4,101		−

（単位：億円）

資料：「専門農協統計表」「総合農協統計表」

⑸　**統計にみる専門農協の特徴**

　ここまで統計から専門農協の現状を確認してきた。現状確認から、①組合数が著しく減少していること、②減少要因は普通あるいは解散命令による解散となっていること、③組合当たりの正組合員数が少なく小規模なこと、④営農経済を行っている5区分の組合と関連のある品目において取扱高が計上されており、その中心は畜産物となっていることがわかった。こうした現状確認から、総合農協と対比させた場合の専門農協の特徴が複数あげられるが、本章では①および②と関連して継続性の弱さを、③と後の議論と関連して広域性の乏しさを取り上げる※2。

　第1に継続性の弱さである。すでに上記②であげたように、専門農協は普通あるいは解散命令による解散が多い。したがって、これまでの専門農協を総合的にみると、農協としての事業の継続性は、総合農協と比べ脆弱であるといわざるを得ない。

　第2に広域性の乏しさである。かつては総合農協と比べ広域に展開する専門農協もあったが、総合農協が合併により地区を拡大していくなか、専門農協にはその傾向がみられず、専門農協の多くは解散していった。また、将来的に1県1農協を標榜している県が多い総合農協と比べ、専門農協ではそうした傾向はかなり限られている。したがって、専門農協は広域性に乏しいといえるであろう。たしかに、1県1酪農協のように県単位で力を発揮しようする区分の専門農協もあるが、現時点において、広域性は専門農協より総合農協の特徴であるといえるであろう※3。

※2　専門農協の特徴を取り上げた文献として若林（2019）がある。
※3　しかし、広域性は総合農協の特徴であり続けているとはいいきれない。昭和の市町村大合併前の総合農協は、当時の市町村、現在の総合農協の支所を地区としていることが多かった一方で、たとえば「畜産」「酪農」「養鶏」に区分される農協の中には、より広域である郡を地区として活動していた専門農協も多くあった。たとえば、1956年度の統計によれば、統計に回答した「養鶏」区分の農協のうち、地区が郡市をこえる組合の割合は51.8％であった。

3．養鶏区分の組合にみる営農経済対応とそのジレンマ

　専門農協は多様であるため、それを総括して総合農協の営農経済事業を多角的にみるための視点を提示することはむずかしい。ここでは対象

5区分のうちの一つである「養鶏」区分の農協に絞って、同区分の農協における営農経済事業への対応について確認する。そうすることで視点を提示しやすくなると考えている。また、同時に同区分の組合が営農経済事業を推進していくなかで抱えているジレンマについても触れる[※4]。

「養鶏」区分、とりわけ採卵鶏経営体を中心とする組合に絞る意義は次の通りである。

第1に、養鶏という農業部門が先進的なことである。一例をあげれば、1戸あたりの鶏卵生産量は飛躍的に伸び、飼養規模も大幅に拡大してきている。鶏卵の生産量は、1969年に161万トンであったが、2018年には263万トンに増加している。その一方で、採卵鶏の飼養戸数は、ピークである1955年の451万戸から2018年には2,280戸に減少し、その減少率は99.95％である。同期間の総農家数が604万戸から216万戸へと64.3％の減少であったことを考えれば、その減少の激しさがわかるであろう。

加えて、養鶏経営体は組織経営体の割合が高い。2015年の農業経営体数に占める組織経営体数の割合は2.4％であったが、養鶏単一経営部門の経営体に占める組織経営体の割合は31.8％であり、この数値は養豚部門に次いで高い。

また、しばしば採卵鶏経営に必要な投資額は他の部門と比べて大きいことが知られている。たとえば、2018年の1戸あたり平均飼養羽数である8万羽を飼養するウィンドレス鶏舎を建設しようとするならば、数億円の投資が必要となる。しかも、その鶏舎での飼養管理に必要な労働力は1名の場合すらある。すなわち、採卵鶏経営は労働節約的で、資本集約的に飼養環境を制御しながら生産性を高めてきた部門なのである。

第2に、少なくとも1995年以降、いずれの養鶏農協にも合併経験がない（図表4）。この特徴は「養鶏」と今回対象外とした「農村工業」のみにあてはまる事実である。

既述の通り、養鶏は飛躍的に生産性を向上させてきた農業部門であり、飼養戸数が激減しているのであるから、その飼養者の一部からなる専門農協の組合員の数も大きく減少していると考えられる。しかも養鶏農協は合併をせずに解散という道を選択してきている。

これまで筆者は、解散した複数の養鶏農協の元組合員、あるいは養鶏農家から解散した養鶏農協について話を聞く機会が複数回あった。本章の採卵鶏経営の進展と関係する解散理由は、組合員数の減少により15人という農協法上の規定を満たせなくなったからであった。

　しかし、こうした農協は解散まで手をこまねいて待っていたわけではない。むしろ、外部環境の変化と養鶏部門の飛躍的進展にあわせ、専業的に営農を行う組合員の生計を考えた経営の高度化や販売先の確保等に努めてきた姿が垣間見える。販売では販売先開拓、営農指導では技術の導入や組合員間の技術平準化、経営では必要な投資と飼養規模の拡大といったように、組合と組合員が二人三脚で生産性を向上させてきた。こうした組合の努力は、一方で専業農家として生計を立てることが可能な組合員のみを残し、組合員数を減少させることになり、その結果組合の下限人数の維持がむずかしくなってしまったのである。

　日本農業のなかでもフロントランナーに位置づけられる養鶏、そして「養鶏」区分から今後の農協を考えることは可能である。それは、先進的だからこそ他の部門に先んじた問題が生じており、他部門の農産物を取扱う農協にも、今後の進展によっては同様のことが起こりうるからである[5]。

　総合農協でも正組合員数は減少傾向にある。今後、さらに農業の生産性を追求していけば、正組合員数の減少は加速されるであろう。たしかに、個別組合をみれば合併とそれによる広域化によって正組合員数は維持されているかもしれないし、15人という農協法上の規定はほとんど無関係かもしれない。しかし、正組合員の減少は、組合の基盤に影響を及ぼすであろう。組合の基礎単位は、生産組合、生産部会等である。営農経済事業を多角的にみるにあたり、こうした組織基盤の観点もないがしろにはできない。

　専門農協では、正組合員数の少なさから、その減少は組合自体の解散にいたったが、総合農協では、生産組合や部会の維持困難、あるいは部会が広域化する一方で部会員が減少し、組合員間の緊密性が保ちにくくなっていることがあるかもしれない。ほかにも筆者の知る総合農協の中

には、組合員が施設利用組合を作って運営していたが、それが困難になり、組合運営に切り替えたところもある。この組合では、組合運営への切り替えによって、組合員の自主性および自立性が脅かされることを懸念している。このように、正組合員の減少が、組織基盤を通じて営農経済事業に様々な問題を生じさせるおそれがある。総合農協においても、組合はそのための対応を検討していく必要があるのではないか。

※4　「養鶏」でさえ、その内実は多様である。採卵鶏経営体が主となっている組合もあれば肉用鶏経営体が主となっている組合もある。また、主として販売事業を行っている組合もあれば、養鶏に関する事業を総合的に行っている組合もある。さらに、事業を行う組合もあれば、基金の取りまとめを中心とする組合もある。ただし、基金の取りまとめは養鶏協会が行うことになったため、この組合の数は減少している。

※5　生産量や生産額の多い他の農業部門でも同様のことは生じている。たとえば「園芸特産」に属す茶農協がそうである。茶農協は限られた小範域を地区としてきた。そのため組合員数は限られ、組合員数減少等の理由から、農協を解散したところも多い。

4．養鶏農協から営農経済事業の運営原則を考える

　専門農協は、解散が多く、継続性という点で脆弱な農協群である。ただし、総合農協も継続性において盤石というわけではなかろう。たとえば、前節でみた組織基盤の問題はその一つとなるかもしれない。

　ここでは「養鶏」区分の組合のうち鶏卵を扱う農協の事例に絞って検討する。事例を通じて検討するのは、組合員による農協の全利用という点についてである[6]。全利用は、組合の全事業において、高度に利用することを指しているが、ここでは主として営農経済事業を行う専門農協を対象としているので、営農経済事業において組合を高度に利用することを全利用としている。まずは二つの事例を示そう。

　A養鶏農協は、57名の採卵鶏経営体で構成されている。販売、購買、利用事業を中心とする組合であり、事業推進の仕方の多くは総合農協のそれと大きく変わらない。特徴的な点をあげるなら、職員は、人事、経理、財務、総務といった事務管理業務と直売施設等の管理運営を中心に行っており、営農関連の業務は、役員を中心に部会のように組合員が行っている点である。たとえば、資材の導入および調達の検討、利用資材の統一は、役員を中心に組合員の同意を得て決定している。飼養鶏種の

選択も鶏卵需要によって決定しており、各組合員が独自に飼養鶏種を決定しているわけではなく、かつその導入も計画的である。

営農指導は、それが可能な組合員あるいは職員が行うが、飼養技術の導入、統一は役員が中心となって組合員間で決定している。利用事業では、組合が鶏卵集出荷施設（GPセンター）を保有し、組合員に利用されている。組合所有施設のなかでは、この集出荷施設が大きなウエイトを占めている。

このようにＡ養鶏農協では、資材の調達から鶏卵の生産、出荷、販売までのすべてを統一的に実施しており、その意思決定は役員を中心に組合員が行っている。そして、各組合員は生産過程のすべてにおいて組合を利用している。

Ｂ養鶏農協は、80名の採卵鶏経営体で構成されている。Ｂ養鶏農協の特徴的な点は、組合員は鶏卵の生産に専念し、鶏卵生産に関連する付随的業務はすべて組合が行ってきたという点である。すなわち組合がインテグレーションを構築してきたのである。したがって、組合の事業範囲は広範である。同組合は、組合員が導入する鶏の育成、飼料の調達と配合、薬剤等の生産資材の調達、各組合員に最適な鶏舎の斡旋、技術指導に経営指導、鶏糞たい肥の生産と販売、鶏卵の集出荷施設の整備と運営、鶏卵の輸送や営業といった幅広い事業を行っている。施設も、育雛施設、飼料配合施設、集出荷施設等を持ち、鶏卵輸送も組合所有の運搬車を使っている。そして、Ｂ養鶏農協の組合員は、販売までの全工程において組合を利用している。

もちろん、Ａの組合員もＢの組合員も、専ら採卵鶏飼養に従事する農業者であり、彼らの生計の維持および向上は組合としての命題でもある。その課せられた問題の解消に向け、組合は組合員の採卵鶏経営の高度化に邁進し、組合員は他の採卵鶏経営体としのぎを削り現在にいたっているのである。

ＡもＢも組合員は少ないが、意思疎通が可能な生産者が集っており、両組合では組合員の意思でこのような組合の高度な利用にいたっている。こうした点は強みともなりうる。組合員の賛同が得られており、組合は

明確な方向性を持って事業を行うことが可能である。また、組合は生計を託す組合員から負託を受け、その責任を果たそうと努力する。

　全利用に近づくことが組合経営にも強みが発揮される場面があり、継続性に難点のある専門農協の弱みを打ち消すことにもつながる。たとえば、組合は、組合員の飼養羽数、飼養環境、飼養技術から始まり経営のほぼすべてを把握しているから、組合全体の資材調達や鶏卵販売量の見通しが立てやすい。したがって、資材調達等の交渉もしやすく、場合によっては長期的視野に立って交渉が可能である。たとえば、B養鶏農協では親鳥となる鶏の育成を行っているが、各組合員の飼養計画を知っているから、組合は1年以上前から組合員への親鳥供給計画を立て、それにあわせて行動を起こすことができる。このことにより、組合の事業を効率的に進めることが可能である。

　専門農協に継続性の弱さという難点があるなか、B養鶏農協は、広範な業務を行うなかで利益を計上しており、事業を行っている。一方、Aの主たる事業は販売と購買事業であり、それでも継続的に利益を計上しながら事業を行っている。総合農協統計表によれば、2017年度における飼料の当期供給・取扱高に占める購買利益の割合は3.8％となっており、鶏卵の当期販売・取扱高に占める販売手数料の割合は1.1％となっている。A養鶏農協も購買から得る利益の割合は総合農協統計表の数値と大きく変わらない。一方の販売からの手数料率は1.1％ということはないが、それでも大きな差ではなく、A養鶏農協は利益の計上を続けている。

　B養鶏農協もそうだが、A養鶏農協の鶏卵取扱量や販売高はおおむね横ばいであり、わずかながら増加している年も多い。この増加は、組合員が少人数となるなか、それぞれが飼養規模を拡大し、かつ組合を高度に利用してきたこと、鶏卵需要が漸増傾向にあるなか、組合が販売先の拡大に努めてきたことのあらわれである。

　総合農協統計表の数値からみるに、A養鶏農協の営農経済事業との基本的構造の違いは事業管理費にあると考えられる。総合農協の農業関連事業をみると、事業管理費が事業収益に占める割合は18.1％であるが、A養鶏農協ではこれを大きく下回る。A養鶏農協では、組合の事業収益、

事業総利益から判断して、組合が受け取る手数料や事業管理費の見直しを行い、組合の収支バランスを保ちながら、事業の継続性を担保しているのである。

　専門農協だけでなく、農協利用度合いの高さは総合農協系統でも重視される項目である。農協として、組合員に多く利用してもらいたいのはもちろんであろうし、それは集荷率という形等で事業の一部にあらわれることもしばしばある。たとえば、ある総合農協の2016年からの３か年計画の中に「集荷率の向上」が明記されており、利用のメリットを打ち出しながら集荷率を向上することが目指されている。

　しかしながら、総合農協は組合員数が多く、多様な品目を扱っているため、品目ごとに見た農協の利用度合いの高さにはばらつきがあると考えられる。また、07年の食料・農業・農村白書によれば、売上規模の大きい農業生産法人（農地所有適格法人）ほど農協利用率が低下しており、総合農協にとって、正組合員の経営規模の拡大や法人化にどう対応するかは課題の一つとなっていると考えられる。これらを考慮すると、農協の全利用に近づくことは容易でないかもしれない。それでも専門農協の事例から、全利用の可能性を一つの論点として、組合の営農経済事業はどうあるべきか、さらには組合の理念、指針はどうあるべきか再検討することは可能である。なぜなら、この問題は利用を通じて組合が（利用）割合と（利用）量のいずれに重きを置くかを問うているからである。

　たしかに「量は力」といわれる。事例農協においても組合員の力を組合に結集することで、少人数ながらも一定の量は確保している。そして、事例では、人を基盤とする組織である組合にとって、組合員の利用割合は利用量よりも価値がある、あるいは割合を追い求めることで、結果的に量をも達成しえると認識されている。彼らは正組合員数が減少するなか、全利用を組合継続における原動力の一つとしてきた。専門農協の事例から、総合農協においても、正組合員数の減少による組織基盤の弱体化の懸念に対して何が可能かを考える時が近づいているように思われる。

※6　組合の全利用は、産業組合時代から使われている用語である。そして、系統全利用は、主として連合会の経営再建にあたって唱えられた整備促進７原則のひとつである。全農

の経済事業改革においては、低コスト化へのインセンティブが働きにくいとの認識から、全利用からの脱却が期待されていたようである（農林水産省経済事業改革チーム（2005））。しかし、現在も総合農協系統はその旗を降ろしてはいない。

5．おわりに―相互理解と高めあう関係を―

　本章は、統計から専門農協の現状を概観し、その後は養鶏を射程に収めながら、正組合員数の減少への備えや対応、論点の一つとして全利用を取り上げることで、総合農協の営農経済事業を多角的に検討するための材料を提供してきた。とくに、最後に取り上げた全利用という論点を掘り下げると、それは営農経済事業にとどまらず、組合が重視すべきは何かという理念にまで遡ることになる。

　農林水産省（2013）によれば、総合農協に伸ばしてほしい事業の第1位は、営農指導、販売、生産資材購買であり、その回答割合は77.3％であった。これらの事業にかなりの程度特化しているのが今回紹介した5区分の専門農協である。

　たしかに専門農協はあまり知られていないかもしれないし、組合ごとに濃淡がある。しかし、専門農協の視座から総合農協を問うことによって、改めて気づかされることはあるし、その逆もまたあるはずである。

　同じ農業協同組合として、相互に理解し、高めあう関係が望まれる。

引用文献
農林水産省（2013）「農業協同組合の経済事業に関する意識・意向調査結果」農林水産省.
農林水産省経済事業改革チーム（2005）「経済事業のあり方の検討方向について―中間論点整理―」農林水産省.（http://www.maff.go.jp/j/keiei/sosiki/kyosoka/noukyo/zennou_kankei.html）
若林剛志（2016）「生産事業を行う肉用鶏専門農協」『調査と情報』，第53号，pp8-9.
若林剛志（2019）「専門農協の現状と課題」日本農業研究所編『農協をめぐる問題と改革の課題』日本農業研究所，pp109-131.

第IV部

海外における農業者支援

第10章

アメリカ協同普及事業の動向
—ウィスコンシン州における普及事業改革をめぐって—

西川　邦夫

1. はじめに

　農業大国アメリカにおいて、農業者を支援する制度・組織は数多く存在する。たとえば、農業協同組合も農業者に対して経営・技術指導を行っている。また、農業者から生産物当りの賦課金を徴収し、研究開発・販売促進等にあてるチェックオフ制度は、これまでアメリカ農業の発展に大きく貢献してきた[※1]。しかしながら、本章で取り上げる協同普及事業（Cooperative Extension, 以下「普及事業」）ほど、全米的な普遍性において右に出る存在はない。

　その普及事業が、現在曲がり角に差し掛かっている。農場の大規模化とICT等の新技術の普及により、従来の事業目的および組織構造からの転換を迫られているからである。また、普及事業への公的予算の削減も、上記転換を不可避なものとしている。

　本章では、近年大規模な改革が行われたウィスコンシン州の普及事業を例にとって、アメリカにおける同事業の動向を検討していく。また、日本の農業者支援制度に対する示唆についても触れたい。

[※1]　アメリカにおける農業者支援体制の実態について、詳しくは、清水ら（2018）を参照。本章の内容は、同著所収の西川執筆部分「ウィスコンシン州における普及事業」（p.21-37）に、追加調査の結果を加えて大幅に加筆・修正したものである。また、アメリカの普及事業についての最新の論稿として、原（2019）も参照。

２．普及事業の組織構造と近年の動向

⑴　普及事業の目的と組織構造

　アメリカの普及事業の目的は、「研究に基づいた教育プログラムを通じて、自らの生活を改善しようとしている人々を助ける」[※2] ことである。個々の主体性を重んじるアメリカ農業・農村において、「自力更生の手伝い」（杉本（1994），p.53）をすることに普及事業の理念がある。普及事業の対象は、農業をはじめ、地域振興、家族生活、自然資源保護、４Ｈ（青少年教育）と、農村生活の全般にわたる[※3]。

　普及事業は、教育・研究・普及の三位一体によって成り立っている。その構造は、歴史的にみていくとわかりやすい。1862年に制定されたモリル法（Morrill Land-Grant College Act）では、各州が農業と機械工技術に関連した科目を教える大学を設置する場合に、公有地を付与することを定めた。同法によって設立された州立の土地付与大学（Land-Grant University）が、現在も普及事業の運営にあたっている（教育）。87年には、土地付与大学に農業試験場（Agricultural Experiment Station）を設置するために、連邦政府が州に予算拠出をすることを定めたハッチ法（the Hatch Act）が制定された（研究）。そして、土地付与大学の研究成果を普及するために、各州に普及組織の設置を定めたのが、1914年に制定されたスミス＝レーバー法（the Smith-Lever Act）である（普及）。

　普及事業の運営にあたっては、連邦・州・郡からそれぞれ予算が拠出される。３者が「協同」して運営するので「協同普及事業」と呼ばれるのである。大学の農学部および農業試験場では、専門員（Specialist）と呼ばれる教員・研究者が研究教育によって新しい知識を生産する。各郡には郡普及事務所および郡普及員（County Agent）が配置され、大学で生産された知識を普及する。州内くまなく普及事業を行うために各郡に１人は配置されるのが基本である（佐々木（2005），p.34）。郡普及員は郡に雇用されるが、大学との契約にもとづき大学と現場をつなぐ、まさに代理人（Agent）として普及活動にあたる。

※2　Rasmussen（1989），241, を参照。和訳は筆者による。

※3 普及事業がカバーする多様な分野の歴史的展開については、Rasmussen（1989）を
　　参照。

⑵　普及事業を取り巻く環境の変化

　近年、普及事業を取り巻く環境は厳しさを増している。第1に、公的
予算の減少を背景として普及スタッフの数が減少している。全米の普及
スタッフは、FTE（Full-Time Equivalent, フルタイム当量）換算で1980
年には17,009人いたが、2010年には13,294人にまで減少した。第2に、
普及スタッフの減少は郡普及員に集中している。1980年には普及スタッ
フのうち専門員は22％、郡普及員は67％であったが、2010年にはそれぞ
れ30％と60％に変化している。第3に、大規模化を進める農場が専門性
を強めた結果、彼らは食品加工業者等との契約関係を通じて営農関連情
報を入手する傾向を強めている。その分だけ、普及事業の利用が減るこ
とになる（Wang（2014）, 3-4）。

　以上の様に、普及事業は公的予算の減少という政策の変化、および農
業構造変動という普及対象の変化という両側面から、目的と組織構造の
再編を迫られているのである。

3．ウィスコンシン州の農業構造と普及事業

⑴　ウィスコンシン州の農業構造

　ウィスコンシン州は、アメリカのなかで中西部（Midwest）と呼ばれ
る地域に位置する。中西部は、穀作＋酪農の家族複合経営による、農業
の農民的発展が典型的に見られてきた地域である（大内（1965）,
p.226）。農業の中心は酪農であり、2018年の農場現金受取額のうち、酪
農製品が占める割合は45.9％となっている。酪農に関連すると思われる
飼料穀物および牛肉の受取額を加えると75.6％に達する（United States
Department of Agriculture（USDA）, National Agricultural Statistics Service
（NASS）, 2019 Wisconsin Agricultural Statistics）。酪農が占める地位の大
きさから、ウィスコンシン州は「アメリカの酪農地帯（America's Dairy-
land）」と呼ばれている。

図表1は、1農場当り乳牛飼養頭数（農場規模）と乳牛飼養農場割合の推移を、ウィスコンシン州と全米平均について示したものである。ウィスコンシン、全米平均ともに、1農場当り乳牛飼養頭数で見た農場規模は拡大を続けているが、近年は全米平均の方が規模拡大のスピードが速いことがわかる。乳牛飼養農場割合は、全農場のうち乳牛を飼養している農場の割合を示したものであるが、乳牛を含む複合経営が多いほど値が高くなるので、複合経営がどれくらい存在するかの代理指標となり得る。ウィスコンシンは、全米よりその値が高くなっているので、複合経営が残存している、つまり農場の専門化が全米平均と比べて進んでいないと解釈できる。ウィスコンシン州でも酪農部門の規模拡大と専門化は進んでいるが、全米平均と比べると緩やかなのである[4]。

※4　MacDonald et al. (2016), 8-10, では、中西部では100頭以下の中小規模農場の占める割合が高いことが示されている。

図表1　1農場当り飼養乳牛頭数と乳牛飼養農場割合の推移

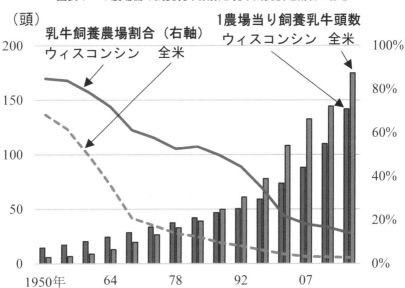

資料：USDA, Census of Agriculture, より作成。

(2)　改革前の普及事業の組織構造

　ウィスコンシン州の普及事業は、州内の各郡・部族居留地にくまなく
郡普及員が配置され、大学では全州専門職（State Specialist）が研究教
育を行うという、伝統的な組織構造を近年まで維持してきた。その背景
として、前節で明らかにした全米と比べて相対的に安定した農業構造と、
「ウィスコンシン・アイディア（Wisconsin Idea）」と呼ばれる州立大学
の州・州民へのサービス提供を重視する考え方がある。

　普及事業を運営するウィスコンシン大学（University of Wisconsin, 以
下「UW」）は、26のキャンパス（4年制大学13、2年制大学13）から構成
されている。そのうち、研究中心の土地付与大学であるのはマディソン
校（以下、「UW-Madison」）である。UW全体を統括するのは総長（President）
であり、各キャンパスは学長（Chancellor）が運営する。

　2015年から改革が始まる前、普及事業はUWの1部門である、ウィ
スコンシン大学普及局（UW Extension, 以下「UWE」）が所管していた。
UWEのトップは学長相当として、各キャンパスと同等の地位を与えら
れてきた。UWEは普及事業以外に、ブロードキャスティング・メディ
ア革新、生涯学習・Eラーニング、ビジネス・起業の4部門から構成さ
れていた。普及事業も、UWが州民に対して実施する総合的な普及活動
の一環として歴史的に位置づけられてきたのである[5]。

　普及事業の部門長（Dean）は、UW-Madison農業生命科学部の副学部
長（Associate Dean）が兼務し、研究・教育を担当する学部との連携が
はかられてきた。普及事業の構成は、農業・自然資源、地域・経済開発、
家族生活、4Hの4プログラムと、おおむね他州でも見られるものであ
った。

　図表2は、普及活動の中心となる郡普及事務所に属するスタッフの構
成と配置を示したものである。農業関係に限らず、全プログラムのスタ
ッフについて示している。改革前の2017年現在では、1郡のみを担当し
ている郡普及員が多く、1郡当り4.4人がいる計算になった。それに2
～3郡で活動する複数郡（Multi County）の郡普及員を加えて、郡普及
事務所には平均5.1人の普及員が所属していた。農業担当のスタッフは

1.2人（1郡のみ担当が1.1人）であり、各郡に必ず1人は農業担当が所属していることになっていた。

　なお、あわせて同表で注目されるのは、スタッフのなかで農業関係はむしろ少数派であることである。多様なプログラムに所属するスタッフが、農村の様々な活動を支援している様子がわかる。

　図表3は、農業関係普及スタッフの職位と業務内容等を示したものである。以下では、改革前の2016年について説明する。2016年現在、表中に示した全州専門職、郡普及員以外に、州を四つの地域に分けて管理業務（人事・予算配分等）を行う地域事務所長（Regional Office Director）がいた。

　全州専門職は大学の各キャンパスに教員・研究員として研究拠点を構え、全州を対象として研究・教育・普及活動を行う。UW-Madison 農業生命科学部と UWE に両属し、給与の財源は連邦予算と州から拠出されている。酪農学科教授の A 氏（専門は生殖生物学）の場合、職務時間の

図表2　郡普及事務所スタッフの構成と配置

（単位：人）

		2017年							19年						
		合計	職種		プログラム領域				合計	職種		プログラム領域			
			普及員	職員	農業	4-H	地域振興	家族生活		普及員	職員	農業	4-H	地域振興	家族生活
人数	合計	449	366	83	89	100	55	205	333 (-116)	252 (-114)	81 (-2)	61 (-28)	53 (-47)	47 (-8)	172 (-33)
	1郡のみ担当	391	316	75	78	99	54	160	257 (-134)	199 (-117)	58 (-17)	51 (-27)	49 (-50)	40 (-14)	117 (-43)
	2郡担当	50	44	6	9	1	1	39	46 (-4)	34 (-10)	12 (+6)	7 (-2)	4 (+3)	6 (+5)	29 (-10)
	3郡以上担当	8	6	2	2	0	0	6	30 (+22)	19 (+13)	11 (+9)	3 (+1)	0 (±0)	1 (+1)	26 (+20)
1郡当り人数	合計	6.2	5.1	1.2	1.2	1.4	0.8	2.8	4.6 (-1.6)	3.5 (-1.6)	1.1 (-0.0)	0.8 (-0.4)	0.7 (-0.7)	0.7 (-0.1)	2.4 (-0.5)
	1郡のみ担当	5.4	4.4	1.0	1.1	1.4	0.8	2.2	3.6 (-1.9)	2.8 (-1.6)	0.8 (-0.2)	0.7 (-0.4)	0.7 (-0.7)	0.6 (-0.2)	1.6 (-0.6)
	2郡担当	0.7	0.6	0.1	0.1	0.0	0.0	0.5	0.6 (-0.1)	0.5 (-0.1)	0.2 (+0.1)	0.1 (-0.0)	0.1 (+0.0)	0.1 (+0.1)	0.4 (-0.1)
	3郡以上担当	0.1	0.1	0.0	0.0	0.0	0.0	0.1	0.4 (+0.3)	0.3 (+0.2)	0.2 (+0.1)	0.0 (+0.0)	0 (±0)	0.0 (+0.0)	0.4 (+0.3)

資料：ウィスコンシン州普及事業ホームページ（https://people.extension.wisc.edu/）より作成。

注：1）2017年のデータは日付不明、19年は11月19日現在確認。

　　2）17年から19年にかけてプログラム領域は変更されたが、17年にあわせて集計し直した。

　　3）19年の各項目の下段は、17年からの増減数を示している。また、増加した項目は太字で示した。

配分は研究30％、普及70％と決められている。通常の教員よりも教育への配分が少ない分、普及への充当時間が多くなっている。また、全州専門職の重要な業務として、Ａ氏が呼称する「乗数集団（Multiplier Group）」への教育があげられる。郡普及員、獣医師、民間普及組織等、自らの研究成果を広めてくれる主体への教育も重要な普及活動の手法である。

　郡普及員は、学術職員（Academic Staff）とテニュア・トラック職員（以下、「ＴＴ職員」）に分けることができる。学術職員は配属された郡を対象として普及活動を行う。給与の財源は州と郡から拠出される。ジェファーソン郡の郡普及員であるＣ氏（60歳代）は、カレッジ（２年制大学）を卒業した後に郡普及員になった。農業者からの質問への対応、農場への訪問が日常業務だが、自らでは解決できない専門的な問題は全州専門職に対応を依頼する。学術職員は全州専門職へのつなぎ役であるとともに、農業・農村で発生する多様な問題に広く薄く対処する、いわゆる「ジェネラリスト」としての性格が強くなっている。指導の中心となっているのは、飼養頭数30〜50頭の小規模酪農農場である。

　ＴＴ職員は、学術職員とは異なり、全州専門職と同様に大学教員（Faculty）として扱われる。配属された郡以外に、全州を対象とした活動を行う。ＴＴ職員は、６年任期の指導員（Instructor）として採用された後、研究業績や普及業務の評価にもとづいて採用４年後から任期終了までに

図表３　農業関係普及スタッフの職位と業務内容等

	職位	人数	所属	業務内容	活動場所
改革前 （2016年）	全州専門職	87	UW-Madison UWE	研究 郡普及員・学生の教育 普及	大学 州全体
	郡普及員（TT職員）	15〜20	UWE 各郡	郡普及員の教育 普及	州全体 各郡
	郡普及員（学術職員）	65〜70	UWE 各郡	普及	各郡
改革後 （2019年）	普及専門職	84	UW-Madison	研究 郡普及員・学生の教育 普及	大学 州全体
	プログラム・マネージャー	7	UW-Madison	プログラムの運営 郡普及員の管理	大学 複数郡
	郡普及員	61	UW-Madison 各郡	普及	各郡 複数郡

資料：普及事業ホームページおよび聞き取り調査より作成。

テニュア（永年在職権）審査を受ける。デーン郡の郡普及員であるＢ氏（30歳代）は、酪農農場の人的資源管理（とくに経営継承）を専門としている。UW-Madison で修士を取得した後、まずはポーク郡で一般の郡普及員となった。その後、現在のポジションに公募によって転身するために、UW-Madison で人的資源管理の習得コースを修了した。

　Ｂ氏の業務は80％が郡内での普及活動に、20％が全州での専門的活動にあてられる。前者については、中小規模および若手の酪農経営者を対象としている。後者は、郡普及員に対する教育プログラムの提供がその内容である。

※5　UWE の理念と創設当初の活動については、五島（2008）を参照。

4. ウィスコンシン州における普及事業改革

(1) 普及事業改革の背景

　ウィスコンシン州における、普及事業改革の直接的な契機は財政問題である。共和党出身で保守強硬派のスコット・ウォーカー州知事と共和党が多数を占める州議会は、2015年7月に、2015-17年にかけて UW への支援を2億5,000万ドル削減する予算を成立させた。そのため、普及事業予算も削減を余儀なくされ、2015年7月以降年間で360万ドル、8.3％もの予算削減が必要になった[6]。

　ウィスコンシン州における政治の保守化にともない、とくに農村住民は、他の政府機関と同様に都市的な印象を持たせる UW に対する距離感を感じている（Cramer（2016），113）。そのことが、公的部門の肥大化を嫌う保守派政権に、UW への予算削減を容易にさせたと考えられる。

　一方で、農業構造の変化にともない普及事業が果たすべき役割の見直しが迫られてきたことも、改革の底流に流れる要因として見逃せない。全米平均と比べて緩やかといいつつも、ウィスコンシン州の酪農の大規模化と専門化は進行している。大規模酪農農場のニーズは、従来の生産技術に関する情報から、ワクチン接種、マーケティング、人的資源管理等の専門的情報へとシフトしており、ジェネラリストとしての郡普及員の能力では対応できなくなっていた。そのため、大規模酪農農場は民間

企業や民間普及組織が提供する研修や情報を利用するとともに、専属の
専門家を雇う者もあらわれ、普及事業から離れていった。

※6　本節および次節の記述は、nEXT Generation Project, University of Wisconsin-Madi-
son Division of Extension（https://blogs.extension.wisc.edu/nextgeneration/）（2019年11
月10日確認）および UW Colleges and UW-Extension Restructuring, University of Wis-
consin System（https://www.wisconsin.edu/uw-restructure/）（2019年12月18日確認）
のホームページからの引用に多くを依拠している。

(2)　普及事業改革の推移

　普及事業改革の第１弾は、普及部門の組織再編であった。2016年２月
に UWE 学長から発表された決定文書には、360万ドルの予算削減を賄
う普及事業の再編方向として以下の３点が示された。

　第１に、郡・部族居留地普及事務所の再編である（120万ドル削減）。
現在、各郡に一つずつ存在する普及事務所は今後も維持される。しかし
ながら、財務・人事等の単位は、２～３の郡を束ねた複数郡地域（Multi-
County Area）で運営し、地域事務所は廃止されることになった。また
州を南北二つの地域に分け、それぞれを部門長補佐（Assistant Dean）
に相当する地域普及所長（Area Extension Director）が統括することと
した。以下、図表２・３を参照しながら詳しく検討していきたい。

　郡普及員の採用に際しては、TT 職員で採用されていた複数郡方式が
一般化されることになった。特定のプログラム領域の必要性を認めた複
数の郡が、予算を分担して１人の郡普及員を採用する方式がとられるこ
とになった。以上の措置は、財政的に１人のフルタイムの郡普及員の予
算を賄えない郡でも採用を可能にするとともに、プログラム領域を特定
することで郡普及員の専門性を確保しようという狙いがあった。ただし、
テニュア・トラック方式は廃止され、学術職員に統一されることになっ
た。

　郡普及員の数は、改革前から比べて大きく減少した。全体で366人か
ら252人へ、農業関係は89人から61人への減少である。一方で、３郡以
上を担当する郡普及員は、家族生活分野を中心に増加している。退職者
を従来通り補充するのではなく、複数郡で採用する方式がとられたこと

が影響している。郡普及員から UW-Madison の管理部門に編入された者も多い。なお、表中には示していないが、19年現在に所属している郡普及員の3〜4割が、直近2〜3年で採用された若い者で占められている。改革が始まって以降、郡普及員は劇的な入れ替えが行われたのである。

　第2に、全州専門職およびUWE職員の人員を削減することとなった（170万ドル削減）。なお、17年から全州専門職の名称は普及専門職（Extension Specialist）に改称されることになった。

　第3に、プログラム領域が再編されることになった（70万ドル削減）。既存の4プログラムを2局（農業・自然資源、若者・家族・地域振興）に統合するとともに、そのなかで6機構20センター（プログラム）が設置された。そして、普及専門職、郡普及員は自らの専門領域に応じて、いずれかのセンターに所属することになった。

　郡普及員の活動はプログラム毎に統一した方針のもとで実施されることになった。複数郡単位でプログラムを組織する職位として、プログラム・マネージャー（Program Manager、以下「PM」）が配置された。PM は、郡と各キャンパスに配置される者が半々であり、郡普及員と普及専門職の間をつなぐ役割が期待されている。これまで、郡普及員と普及専門職の間での日常的な接点は限られていた。大学での研究ベースの情報をもとに郡普及員を組織化するとともに、郡普及員のニーズを普及専門職に伝達することで、普及事業の組織としての統一的な運用と専門化を可能とする職位として位置づけられている。PM の設置は、今回の改革の要となるものである。

　普及事業改革の第2弾は、大学全体のキャンパス再編であった。18年2月から全13の2年制大学が七つの4年制大学の傘下に入り、支キャンパスとしての位置づけとなった。これまで2年制大学に配分されてきた予算は、4年制大学へと移転されることになった。2年制大学への入学者数が10年以降で32%減少する中、厳しい財政事情のもとでは既存のキャンパスを維持することは困難であった。同時にUWE は分割され、普及事業は土地付与大学である UW-Madison の1部門として統合される

ことになった。州・州民へのサービスを重視する伝統のもとで、普及事業はUWの一部に位置づけられてきたが、他州と同様に土地付与大学の事業の一環として再定義されることになった※7。

※7　他の部門も独立の組織へ転換され、UWEは分割・解体された。ブロードキャスティング・メディア革新部門はUW-Madisonの一部門へ、生涯学習・Eラーニング部門とビジネス・起業部門はUWの一部門へそれぞれ転換された。

(3)　改革に対する普及スタッフの態度

　普及事業改革に対する関係者の評価は、立場によって大きく異なる。図表4は、普及スタッフの改革に対する意見を整理したものである。

　A氏は大学を中心に活動する普及専門職の立場から、普及事業の全面的な改革を主張し、現在の改革を肯定的に評価していた。農業構造の変化により、多種多様な家畜を小規模な農業者が飼養していた普及事業創設当初とは異なり、大規模農場を中心とした酪農への専門化が進んでいる。そのため、大学における高度な研究をベースとした専門的情報へのニーズが強まっているが、現在の普及事業はそれに対応できていない。また、ICT等の新しい情報伝達技術の普及により、農業者が以前の様に郡普及所に出向く必要性は薄れてきている。つまり、各郡にジェネラリストとしての郡普及員が常駐している体制は、農業構造の変化に適合的なものではなくなってきている。

　大学における研究成果を正確に理解し、農業者に普及することができる専門性の高い郡普及員の確保・育成が不可欠であるが、予算削減によってそれも困難となりつつある。現在のままでは、農業者支援を志す優秀な若者は、より高い給与を提示できる民間企業へとますます流れてしまうだろう。普及事業が変化する環境に適応するためには、郡普及事務所に配置している郡普及員の数を削減し、少数の専門性が高い人材に高い給与を支払うことが必要であるというのが、A氏の考えである。また、必要な予算を確保するためには目に見える成果を上げる必要があることも指摘していた。

　TT職員のB氏も、改革に対してはおおむね好意的な立場をとっていた。改革の過程で大学と郡普及員のコミュニケーションが悪い点はあっ

たが、郡普及員の専門性向上を目指しているところは評価できる。TT職員と学術職員の両方に従事した自身の経験からも、求められる情報が専門的になるなかで、郡普及員が農業者から持ち込まれるすべての案件に対処することはむずかしくなっていることを感じている。複数郡が予算を拠出しあって専門家を採用することで、郡普及員は自分の専門性に特化して活動することができる。専門性が向上することで普及専門職との連携も円滑となることが期待できる。一方で、採用に際しては郡のニーズを反映させる必要があるとB氏は考えている。

　一方で、これまでの普及事業のあり方に慣れてきた50歳代以上の郡普及員は、改革に対して戸惑いを見せていた。学術職員のD氏（50歳代）は、改革によって大学・州の郡普及員に対する統制が強まると感じていた。現場と大学の関係は、本来は双方向的であるべきだが、改革によってトップダウン的な傾向が強まっている。また、近年大量に採用された若い郡普及員の中には、仕事の仕方がわからない者も多い。これからの郡普及員に求められているのは専門家としての役割ではなく、情報の仲介と人々のネットワーク化によって、社会の変化にうまく人々を適応さ

図表4　改革に対する普及スタッフの態度

	A氏	B氏	C氏	D氏
年齢・性別	50歳代・男	30歳代・女	60歳代・男	50〜60歳代・男
職位	教授 普及専門職	郡普及員（TT）	郡普及員（学術）	郡普及員（学術）
専門	生殖生物学	人的資源管理	酪農	土壌・水保全
学位	博士	修士	カレッジ卒業	修士
活動期間	1998年〜	2011年〜	1980年代〜	1985年〜
活動場所	UW-Madison 全州	全州 デーン郡	ジェファーソン郡	アイオワ郡 周辺3郡
改革に対する考え方	・ジェネラリストとしての郡普及員は求められておらず、専門性を高めるための組織改革が必要である。 ・大規模酪農農場のニーズに対応し、最新の研究ベース情報を提供する必要がある。 ・予算を確保するためには、目に見える成果を上げていく必要がある。	・郡普及員の専門性を高める方向は評価できる。 ・郡普及員の採用に際して、郡のニーズを反映させる必要がある。	・改革によって州・大学による統制が強まっている。 ・自分の様な郡普及員は地域で多様な仕事を担っていたが、若い郡普及員は専門以外のことはしたがらない。 ・今後はUW-Madisonと郡の関係が強くなる可能性がある。	・改革によって州・大学からの統制が強まっている。 ・大学と現場の関係は双方向的であるべきだが、改革によってトップダウンの傾向が強まっている。 ・これからの郡普及員に求められる役割は専門家ではなく、情報の仲介とネットワーク化を通じて人々が社会の変化に適応できるようにすること。
調査日時	2017年2月16日 2019年11月20日	2017年2月16日	2017年2月17日 2019年11月18日	2019年11月18日

資料：普及事業ホームページおよび聞き取り調査から作成。

せることであると、D氏は考えていた。

　C氏も、州・郡からの統制が強まることによって、郡普及員の独立性の高い働き方に制約が加えられる可能性があることを懸念していた。郡普及員は自分の専門だけでなく、地域社会において家庭菜園の指導や4H等の様々な仕事を担うべきであるが、若い郡普及員は専門以外の仕事をしたがらないことが気がかりである。一方で、UW-Madison が普及事業を所管することで、大学の研究と現場の関係がより緊密になることも期待していた。

5．おわりに

　ウィスコンシン州における普及事業改革を特色づけているのは、財政制約への対応と現場で活動する郡普及員の専門性向上への試みである。普及事業に対する公的予算の削減は、1郡に必ず1人の郡普及員を配置する、伝統的な組織構造を維持することを困難としている。また、農業構造変化にともなう農場の大規模化と専門化および ICT 等の情報伝達技術の発展は、ジェネラリストである郡普及員が、大学への窓口として郡普及所に駐在する仕組みの有用性を低下させている。高度な専門性を持ち、大学で生み出された研究ベースの情報を用いて、現場で専門的な問題に対処する少数精鋭の組織への脱皮が、ウィスコンシン州における普及事業改革の方向性であった。

　そのような動きは、多様な分野を包含した UWE の分割・解体から、研究ベースの土地付与大学である UW-Madison への統合、また PM を中心とした専門的なプログラムベースでの活動への移行と、普及事業の組織構造の転換にも反映されていた。そして、全米データと照らし合わせてみると、その様な動きはウィスコンシン州だけではなく、アメリカの普及事業に共通したものであると考えられる。

　一方で、専門性への過度な傾斜は、これまで多様な分野からアメリカの農村社会を支えてきた、普及事業の役割を後退させる可能性もある。大規模化と専門化が進むアメリカ農業のなかで、残存する中小規模農場、および成長過程の若手農業者の多様なニーズに対応してきたのが、ジェ

ネラリストとしての郡普及員であった。影響力を強めていく少数の大規模農場と、広範な農村住民のニーズへの対応をどこで折り合いをつけていくのか。いずれも普及事業にとって重要な対象である以上、普及事業が抱えるジレンマとなる。

　最後に、日本の農業者支援制度に対する示唆について触れたい。

　農業構造の変化にともない、大規模化した農業経営による専門的情報へのニーズと、地域社会の維持の両方に対応する必要があるのは、日本もアメリカと同様である。日本が異なるのは、全国的なネットワークを持つ農業者支援組織として、国と都道府県が運営する協同農業普及事業と、農協系統が運営する営農指導事業の二つが存在することであろう。両者の機能分担によって、アメリカの普及事業が抱えるジレンマを回避できる可能性がある。試験研究機関を擁する普及事業は大規模経営を点として捉え、多様な組合員を抱える営農指導事業は地域を面として捉えるような緩やかな分担関係の構想が、一つの方向性として考えられるだろう[8]。

※8　筆者は以前、農業構造の変化と関連させて、以上の様な両事業の連携の方向性を指摘したことがある。西川（2015）, p.44-45, を参照。

【参考文献】

・Cramer, K. J.（2016）The Politics of Resentment: Rural Consciousness in Wisconsin and the Rise of Scott Walker. University of Chicago Press.
・五島敦子（2008）『アメリカの大学開放―ウィスコンシン大学拡張部の生成と展開―』学術出版会。
・原弘平（2019）「米国の協同普及事業―コーネル大学の事例から―」『農林金融』2019年2月号, p.36-49。
・MacDonald, J. M., Cessna, J. and Mosheim, R.（2016）Changing structure, financial risks and government policy for the U.S. dairy industry. Economic Research Report. 205, USDA Economic Research Service.
・西川邦夫（2015）「農協営農指導事業と協同農業普及事業の動向と連携の方向性―実態調査からの接近―」『農林金融』2015年4月号, p.34-45。
・大内力（1965）『アメリカ農業論』東京大学出版会。
・Rasmussen, W. D.（1989）Taking the University to the People: Seventy-Five Years of Cooperative Extension. Iowa State University Press.
・佐々木保孝（2005）「アメリカ農業拡張事業におけるエージェントの役割」『日本社会教育学会紀要』41号, p.31-39。
・清水徹朗・原弘平・西川邦夫・平澤明彦（2018）『農業者支援のあり方に関する調査研究（Ⅱ）―米国調査編―』（総研レポート）農林中金総合研究所, 30農金 No.3.
・杉本隆重（1994）「アメリカの農業普及事業と支援システム」竹中久二雄・木村慶男・磯

野定夫・杉本隆重『世界の農業支援システム―普及からサービスへ―』（世界の食料，世界の農村8）農山漁村文化協会，p.30-74.
・Wang, S. L.（2014）Cooperative extension system: trends and economic impacts on U.S. agriculture. Choices. 29（1）, 1-8.

プロフィール

西川邦夫　2010年東京大学大学院農学生命科学研究科博士後期課程修了、2014年から現職。博士（農学）。主著は、『「政策転換」と水田農業の担い手―茨城県筑西市田谷川地区からの接近―』農林統計出版、2015年。

第11章

近年のフランスにおける
農協の経営戦略

内田　多喜生

　本章では、JA営農経済事業における経営戦略の参考として、フランスの農協（および農協グループ）を取り上げる。その理由としては、大手小売流通企業の寡占化が進むフランスで、依然として農協が農畜産物市場において高いシェアを有し、また、フランスの家族経営を基盤とする農業経営体の維持に、その組織化と付加価値の還元を通じ貢献しているからである。以下では、フランスの農業生産、小売流通企業等の現状を概観した上で、近年のフランスの農協がとっている経営戦略について二つの特徴的な動きをみていくこととする。

１．フランス農業と食品小売流通業

⑴　フランス農業生産の概況―EU最大の農業国―

　フランスはEUで最大の農業国である。農林水産業の名目国内総生産額は362億ドルで、GDPに占める比率は1.5％（2016年）と日本の1.1％を上回る。また、フランスの国土面積は54万9千㎢と日本の約1.5倍であるが、フランスの農用地面積は28万7千㎢と国土の52％を占め、日本の農用地面積の6倍以上ある。そして、フランスの農用地のうち約6割が耕地、約3割が牧草地で、他（約1百万ha）は、果樹等の永年作物地である。フランスの主要農産物は、広大な耕地を利用した穀物、さらに、それらを飼料とした食肉、生乳、さらに、ぶどう（ほとんどがワイン用）

等で、その生産量は鶏肉を除き、日本を大きく上回る（図表1）。

(2)　家族経営を基礎とする生産構造

　ここで、フランスの農業生産を支える農業経営体をみると、その数は
2010年の49万1千経営体から16年に43万7千経営体へと減少する一方、
1経営体当たり農用地面積は10年の57ha が16年には65haへ拡大してい
る。構造変化が進む一方で、フランス農業で特徴的なのは家族経営を基
盤とする経営体が依然多数を占めていることである。

　図表2は、フランスの農業経営体を個人・法人別にみたものである。
ここで、表中でGAEC（農業経営共同集団）とEARL（有限責任農業経営）
がかなりの数を占めるが、これらの形態の法人構成員は自然人に限られ、
基本的に多くが家族経営の延長線上で設立されている。そして、個人経

図表1　主要農産物の生産状況

（万トン）

	フランス			日本
	2014年	2015	2016	2016
小麦	3,895	4,275	2,950	79
大麦	1,173	1,310	1,031	17
とうもろこし	1,834	1,372	1,213	0.02
てん菜	3,784	3,351	3,379	319
ばれいしょ	809	712	683	216
菜種	552	533	473	0.4
ぶどう	620	626	625	18
生乳（牛）	2,498	2,507	2,448	739
牛肉	141	145	146	46
豚肉	212	215	219	128
鶏肉	114	116	113	235

資料　FAO統計

図表2　フランスの農業経営体

		2000年	2010	2013	2016
合計①		6,638	4,914	4,516	4,374
個人経営②		5,380	3,417	2,959	2,780
法人経営合計		1,236	1,471	1,538	1,566
	EARL③	559	786	844	793
	GAEC④	415	372	382	430
②/①		81	70	66	64
(②+③+④)/①		96	93	93	92

資料　GraphAgri France 2018より筆者作成

営体に GAEC、EARL を加えた経営体数の割合は、フランス全体で９割を占める。なお、フランスにおいて家族経営を基盤とする農業経営体シェアが高い背景には、これらの経営体の組織化と所得向上に農協が積極的な役割を果たしていることに加え、農政が青年就農の振興や地域農業の多様性を損なうような無制限な農地流動化や規模拡大を制限する施策をとってきたことが背景にある（内田（2018）参照）。

(3)　フランスの農畜産物輸出入状況―強まる国際競争―

　フランス産の農畜産物は貿易市場でも存在感がある。16年の加工品を含む農林水産物の輸出額はドル換算で643億ドルに達する（図表３）。輸出額でもっとも大きいのは「飲料、アルコール、酢」であるが、そのなかで「ワイン」が半分以上を占め、とくに単価の高い瓶詰ワインは国際市場で大きなシェアを持つ。以下、「酪農品、鶏卵等」、「穀物」と、国内生産が大きい農畜産物が続く。

　その一方で、フランスは農畜産物輸入大国でもある。2016年に輸出額の９割近い約576億ドルもの農畜産物を輸入している。食肉にみられるように、輸入額が輸出額を上回る品目もある。EU 内外からの低価格農畜産物の輸入圧力は、近年大きくなっており、そのことも、フランスの農協の近年の経営戦略に影響している。

図表３　フランスの農林水産物輸出入額

（百万ドル、％）

	輸出				輸入 (2016)
	2014年	2015	2016	構成比	
合計	75,931	65,984	64,316	100.0	57,610
飲料、アルコール、酢	18,062	16,384	16,517	25.7	3,878
ワイン	10,262	9,177	9,132	14.2	823
酪農品、鶏卵等	8,847	6,918	6,581	10.2	3,524
穀物	8,971	7,991	6,206	9.6	991
穀物等の調整品	4,637	4,063	4,214	6.6	3,595
食肉	4,176	3,455	3,297	5.1	4,521
その他	31,238	27,174	27,501	42.8	41,102

資料　UN Comtrade Database
（注）合計はHS01〜24の計

⑷　フランスの食品小売流通業の現状─寡占化が進む小売業界─

　フランスの食品小売業の事業規模は、日本貿易振興機構（2017）によれば、15年2,411億ユーロで、小売業全体の約５割を占めている。特徴的なのは、上位企業への集中が進んでいることで、シェアの1、2位を占める Leclerc（ルクレール）、Carrefour（カルフール）グループはそれぞれ約20％、上位５社で国内売上高の約８割を占めている（2016年）。また、店舗形態では、ハイパーマーケットのシェアが15年時点では３分の１を超え、スーパーマーケットとあわせると３分の２を占める。なお、ハイパーマーケットとは、一般に郊外に大規模な駐車場を備え、食品に加えて、日用品や衣料品等幅広い商品を扱う倉庫型・集中レジ方式の大規模店舗形態をいう（フランス国立統計経済研究所（INSEE）の定義はセルフサービスの小売店舗で、売り場面積2500㎡以上、食品部門の売上高が３分の１以上）。

　そもそも、ハイパーマーケットという店舗形態自体が、1960年代にフランスのカルフールが最初に手掛けたとされる。また、これら小売流通企業が連携しコスト面でより優位に立とうとする動きもみられている。そして、フランスの食品スーパー等の上位企業シェアは日本を大きく上回っており（図表４）、当然のことながら、農畜産物市場における価格交渉力は非常に強い。筆者が2017、18年とフランスで現地の農協関係者からヒアリングを行った際も、その厳しさを何度も聞かされた。

　以上みたように、フランスは EU 最大の農業国であるが、その農畜産

図表４　食品スーパー等業界上位５社のシェア

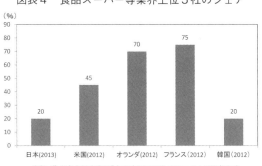

資料　農水省食料産業局「食品流通の現状」（2016.2）より筆者作成

物生産を巡る情勢は、輸入品との競争や、食品小売市場における大手企業への集中などにより、厳しさを増している。このような環境下で（またこうした厳しい環境下だからこそ）、フランスの農協は、国内の農業生産者を組織しその農業経営を維持するうえで大きな役割を果たし、農畜産物市場におけるシェアも一定水準を維持している。

　そこで、次節では、フランスの農協の概況と農畜産物市場での地位をみていくこととする。

２．フランス農協の概況

　2017年時点で、フランス国内には2,500の農協と12,260の CUMA（農業機械共同利用組合）がある。農業者の３分の４はいずれかの農協の組合員になるとともに、農協は16.5万人もの職員を雇用している。農協グループの売上高は合計841億ユーロ（2017年）で、フランスの農業食料産業で創出される売上高の40％に相当する。そして、フランスの食品ブランドの３分の１を農協グループが保有する。なお、フランスの農協は金融事業を行っていない。

　農畜産物市場のなかでの農協のシェアをみたものが図表５である。農

図表５　主要品目農協シェア

（％）

		2003年	2010	2017
穀物		集荷74	集荷74	集荷70
砂糖		62	62	62
飼料		60	70	70
牛乳・乳製品		集乳47	集乳55	集乳55
家畜（食肉）		豚91 牛36	豚94 牛33	豚93 牛33
鶏卵と家禽		家禽55 卵30	家禽60 卵30	家禽60 卵30
ワイン	A.O.P.(注1)	38	38	38
	I.G.P.(注2)	–	72	69
	Champagne	30	36	36
タバコ		100	100	100
果物・野菜		果物35 野菜25	生鮮果物35 生鮮野菜30	生鮮果物35 生鮮野菜30
はちみつ		20	20	20
森林		20	23	20

資料　Filippi (2012)及びCoop de France 'La Cooperation Agricole et Agroalimentaire2017' より筆者作成
（注1）A.O.P.は原産地保護呼称（03、10年はA.O.C.（原産地統制呼称））、（注2）I.G.P.は地理的表示保護

業分野のなかで農協のシェアが高いのは、穀物集荷、砂糖、豚肉、飼料といった分野で、これら分野では過半を超えている。牛乳・乳製品に関しては、シェアはほぼ５割である。逆に低いのは、牛肉、野菜、果物であるが、それらも３割を超えている。ワインの農協シェアは表示方法によって差があり、特定の産地を表示できる A.O.P. ラベルのワインは約４割、生産地域を表示できる I.G.P. ラベルのワインでは約７割である。

　03年とシェアを比較すると、農協のシェアは全体としてみるとほとんど変わっておらず、集乳、飼料では上昇している。また、有機農畜産物市場においても、農協のシェアは大きく、Coop de France（フランスの農協全国組織）によれば、豚で90％、穀物で78％、卵で48％、牛肉で43％、牛乳で36％、青果物25％、ワインで20％を占める。

３．フランスの農協の近年の経営戦略の特徴

　ここでは、経営戦略について、おもに二つの動きを取り上げる。

　一つは、内外の厳しい農業環境に対抗するために、大規模化・広域化に積極的に取り組む動きであり、具体的には合併（連合会設立含む）・統合（union・fusion）による規模拡大・広域化、子会社の買収・設立（acquisition）によるグループ化と国際化（internationalization）等の動きである。それにともない多品目・多目的化（polyvalent）も進行している。

　もう一つは、相対的に小規模で限定されたエリアで活動し、地域の風土（フランス語でテロワール）を活かした付加価値の高い農産物を提供する動きである。以下は、それらについてみていきたい。

(1)　大規模化・広域化に積極的に取り組む農協

ａ．合併・統合（union・fusion）による規模拡大と広域化

　フランスの農協では、加工小売部門で進む寡占化、EU 内外での価格競争等農業環境が厳しさを増すなか、それらに対抗するために合併や連合会の設立を進めてきた。なお、この動きは、特定品目で進められる場合と、複数の品目に拡大しながら進む場合があり、後者は polyvalent と呼ばれる。

合併や連合会の設立にともなう規模拡大は、市場での一定の競争力を持つためのクリティカルサイズの確保と表現される。もちろん、それは単なるスケールメリットの発現だけでなく、マーケッティングの高度化や安定的な財務基盤のための資金調達の多様化、さらに、近年重要性が高まっている持続可能な農業の開発、ICT等を活用した精密農業の展開、等様々な方策に取り組むうえでも重要とされる。

　実際に、フランスでは売上高が10億ユーロを超える農協グループが18（2017年）あり、フランス国内の食品加工グループ上位10社のうち、農協グループが4社（2016年）を占める。また、上位100農協で農協セクターの売上の約86％（2017年）を占め、上位の農協に売上高が集中する傾向がある。

　ここで16年の売上高上位5農協を図表6に示した。なお、売上高にはグループ会社も含まれている。売上高が64.01億ユーロともっとも大きいインヴィヴォ農協は、フランス国内の穀物農協が出資して設立した連合会の性格も持ち、穀物の海外輸出を担っている。2番目に大きいのがテレナ農協である。多品目・多目的（polyvalent）と標記されているように、穀物、畜肉、酪農、青果物、ワイン等幅広い農畜産物およびその加工品を取扱っている。3番目のアグリアル農協も同様の性格を持つ。4番目に大きなソディアール農協は、おもに牛乳・乳製品を扱い、連合会から発展した農協である。上位10位までの合計売上高は合計で387億ユーロに達するが、これは1995年に比べ約3倍となっている。

　規模拡大とともに、それら農協の活動範囲も広域化している。図表7

図表6　売上高上位5農協グループ（2016年）

（百万ユーロ）

順位	農協名	主な活動分野	主要ブランド	売上高
1	インヴィヴォ(InVivo)	穀物、生産資材	Gamm vert, Semences de France, Delbard,Frais d' ici, Cordier− Mestrezat, Jardiland	6,401
2	テレナ(Terrena)	多品目・多目的（Polyvalent）	Gastronome, Paysan Breton, Père Dodu,Régilait, Tendre et Plus	5,196
3	アグリアル(Agrial)	多品目・多目的（Polyvalent）	Florette, Créaline, Priméale, Ecusson, Danao,Loïc Raison, Soignon, Grand Fermage	5,160
4	ソディアール(Sodiaa	牛乳・乳製品	Candia, Riches Monts, Régilait, Entremont,Le Rustique, Monts & Terroirs, Cantorel, Capitoul, Nactalia ...	4,771
5	テレオス(Tereos)	砂糖、でんぷん、アルコール	Beghin Say, L'AntIllaise, Origny, La Per−ruche	4,201

資料　Coop de France 'La Cooperation Agricole et Agroalimentaire2017'より筆者作成

は、CUMA を含む現在のフランスの農協の活動分野と活動範囲をプロットしたものである。なお、フランス本土では、行政区域として95県、13地域圏がある。左上、右上、にプロットされるのが、県域を越えて活動する大規模な農協群である。これらの農協は、県域以下で活動する農協群のなかから一部の農協（もしくはそれらの農協により設立された連合会）が活動範囲を広げたものである。同図では、農協名の横に売上高順位も付記したが、売上高の上位には、広域で活動する農協が並ぶ。

ｂ．子会社設立・買収（acquisition）等によるグループ化と国際化

　上記のように、フランスでは農協の規模拡大と活動エリアの広域化が進んでいるが、特徴的なのは、それらの変化が川上の生産資材分野、川下の流通・加工分野等への進出およびそれにともなうグループ化と同時に進んできたことである。

　とくに、流通・加工の分野において顕著で、たとえば、酪農組合が乳加工業を、ワイン農協がワイン卸売業を設立・統合・買収するといったサプライチェーンの付加価値を取り込むようなケースが典型的である。これは、先のフランスにおける小売流通企業の大規模化と川上部門への進出に対応する必要があったためといわれている。

図表7　フランスの農協のポジショニング

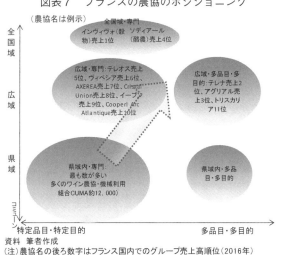

資料　筆者作成
(注)農協名の後ろ数字はフランス国内でのグループ売上高順位（2016年）
順位はCoop de France 'La Cooperation Agricole et Agroalimentaire2017'による。

そして、これらの進出においては、農協間だけでなく、農協と民間セクターとの共同出資等による子会社設立や買収等により進められたことも特徴的である。たとえば、2000年から2017年にかけての農協による設立・統合・合併・買収等の合計件数1,453件のうち約4割、661件が農協以外の企業との間で行われている（図表8）。それら企業にはブランドを有した食品加工企業等も多く、その結果、前掲図表5のように、農協が食品関連の主要ブランドを多く保有するようになるとともに、食品加工企業の上位に農協が名を連ねるようになった。

　また、これらのブランド取得をともなった流通・加工部門等の川下進出は販売チャネルの拡大等にもつながり、農協グループの国際的な展開をもたらしたとされる。たとえば、上記の大規模な多品目・多目的農協であるテレナ農協はEU内外に20近くの拠点がある。さらに、国際化・ブランド化が進むワインでは、ワイン農協グループが、輸出市場として日本を含む海外拠点を構築することが重要な戦略の一つとなっている（内田（2019）参照）。

c．多品目・多目的化（Polyvalent）

　このような農協の大規模化や子会社設立等の取組みと並行して、農協が複数の農畜産品目を取り扱うようになるケースも多い。前掲図表6にみられるように、フランスの売上高上位5農協のうち2農協が多品目・多目的（polyvalent）に区分されている。これは、飼料の供給者と需要

図表8　農協による設立・統合・合併・買収等件数の推移

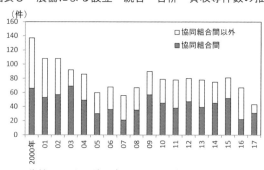

資料　Filippi（2012）'及びCoop de France 'La Cooperation Agricole et Agroalimentaire2017' より筆者作成

者である穀物農協と畜産農協のような相互依存が高い分野で進むケースが典型的であるが、大規模農協の販売力・ブランド力や技術開発力を頼って、大規模農協で扱っていない品目の農協が統合を求めるケースもある。さらに、特定品目を中心に扱う農協でも同様の動きがみられ、たとえば、先のフランス最大の穀物農協グループであるインヴィヴォ農協は、ワインを取り扱う子会社 InVivo　WINE を所有し、ブランド力強化を目的に多品目化に取り組んでいる。

　なお、農協の多品目化は、とくに複合経営が多い地域で進んだといわれている。たとえば、テレナ農協からは、フランス西北部では管内の農業者に酪農と畑作の複合経営が多いため、農協の多品目・多目的化が進みやすかったとの説明があった。

d．大規模化・広域化・グループ化のメリットおよび制度的背景

　上記のように、フランスの農協の経営戦略の特徴として、大規模化・広域化・子会社を通じたグループ化戦略があげられる。大規模化・広域化のメリットについては先にふれたので、ここでは子会社を通じたグループ化のメリットをとりあげる。

　Filippi（2012）は、そのメリットとして、まず会社法に基づく子会社には、農協の員外利用規制（売上高の20％が上限）が適用されないため、20％という員外利用規制の天井を考慮せず、第三者と取引することが可能となることをあげ、川上部分に比べ相対的に大きな川下部分の付加価値が子会社を通じ農協に還元されることで、組合員の経済メリットにもつながるとする。さらに、こうした川下部門への投資は、特定の農業生産部門を救済し、生産者の販路を守る上でも有効としている。

　グループ化では、フランスの農協が契約により組合員に出荷義務を課していることも重要な役割を果たしている。そのことが子会社にとっては原料の安定調達につながるからである。具体的には、組合員は事業量に比例して出資を行い、活動の全部または一部について農協を利用する契約（engagement）を農協との間で結ぶ義務がある。その契約内容や期間等は農協の定款で規定するが、契約期間内の脱退は原則認められない。また、農協は、この契約に違反した場合の罰則を設けることもできるの

である。

　これら子会社を通じた取組みを後押しすることになったのが、1991年と92年に成立した二つの関連法（Loi n° 91-5 du 3 janvier 1991、Loi du 13 juillet 1992）とされる。この二つの法律は、協同組合による資金調達手段の強化等を目的としたとされ、たとえば、農協の資本充実策として債券発行や一定の条件のもとでの出資の導入、組合員への利益還元策として子会社からの配当の農協組合員への再配分を容易にする等の制度が導入された。

e．大規模化・広域化・グループ化に係る課題

　上記のような経営戦略をとって、大規模化・広域化・グループ化した農協にとって大きな問題の一つは、ガバナンスの高度化である。

　図表9は前述の代表的な多品目・多目的農協であるテレナ農協グループの組織図であるが、複数の品目・分野に関して、多数の子会社を抱えている。さらに、2018年時点で国内外の拠点は60か所を越え、500近い店舗、施設を運営している。これらの膨大な組織を一体的に運営するこ

図表9　テレナグループの組織（2016年時点、数字も2016年）

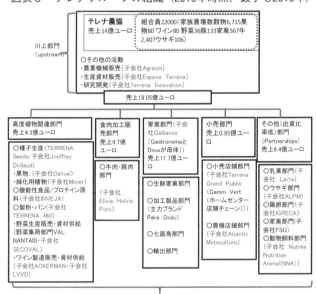

資料　テレナ農協提供資料、TERRENA ‘RAPPORT ANNUEL’等をもとに筆者作成

とは、非常に高度なマネージメントが必要になる。

　そのため、多角化や専門性の高度化が進んだ大規模農協グループほど、専門経営者を執行役員として外部から招くことが多くなっている。ただし、運営にあたっては、大きな方針決定は組合員から選ばれる理事で構成される理事会が行うことが原則であり、また、業務執行を担う業務執行役員会と理事会が常に意思疎通をはかることで組合としての一体性を保っている。さらに、両方のトップである理事長（président）と、業務執行役員会会長（directeur général）も常に連携して農協の運営にあたっていく。

　もう一つの問題は、日本とも共通する課題であるが、広域化する農協の組合員と農協の近接性をいかに維持するかという問題である。これについては、一部の広域化した大規模農協で管内エリアを再区分し、それぞれに独立した経営体制を持たせるというような取組みがなされている。たとえば、前述のテレナ農協は2018年1月1日より、管内を五つの地域に区分し、組合員と農協の近接性を維持することとなった。その際には、地域ごとに代表（président）を選出し、それぞれの地域で、従来のテレナ農協と同様に、代表と執行役員の連携による業務運営を行うこととした。これにより、規模拡大の効果を損なわず、組合員と農協が地域ごとに機敏に反応しあう状況をつくるということである。テレナ農協の近隣にあるアグリアル農協も、管内を14区域に分けて業務運営を行っている（Maryline Filippi, Rainer Kühl（2012））。

(2)　小規模農協の地域の風土（テロワール）を活かす取組み

　次に、二つ目の特徴である限定されたエリアで、地域の風土を活かした付加価値の高い農産物を提供する動きをみていく。

a. 小規模な農協の代表はワイン農協

　前述の通り、大規模化・広域化・グループ化をはかる農協がある一方で、とくに付加価値向上（あるいは差別化）のため地域の風土（テロワール）を活かし環境や地域の持続可能性に配慮し、限られたエリアで特定品目や特定分野での活動を行う農協がある。前掲図表2でいえば、左下

に位置する農協である。小規模な農協のなかには、地元に密着した多様な活動を行う例も多い。たとえば、直売所や地元への食材供給、生産情報の消費者への提供等、消費者と生産者の距離を縮めるいわゆるショートサプライチェーン（フランス語で circuits-courts）の取組みや、地元特有の風土を生かした農畜産物およびその加工品の提供等の取組がある。そして、そのような農協で圧倒的多数を占めるのは、組合員が生産するブドウを集荷・醸造・貯蔵しワインとして販売する協同組合である。図表10は、フランスの品目別農協数と、1組合当り売上高の関係をみたものであるが、ワイン農協が数では一番多い一方で、1組合当り売上高はもっとも小さい。

ｂ．小規模な農協を支える地理的認証制度

　ワイン農協に代表される小規模で特徴のある農協の存続にとって、重要な役割を果たしているのが、テロワールの考えに基づくフランスの地理的認証制度である。フランスでは、原産地名称を保護・管理するための公的機関 INAO（Institut National des Appellations d'Origine、国立原産地・品質研究所）による地理的認証制度が、EU 共通の制度が導入されるはるか以前から整備されていた。

　その代表が、地域との結びつきが非常に強い地理的表示である A.O.C.（Appellation d'Origine Contrôlé：原産地統制呼称）である。A.O.C. は

図表10　フランスの主要品目の農協の状況（2017年、売上高の記載上位10品目）

	売上高（十億€）	組合数	1組合当売上高（百万€）
穀物	23.0	156	147
酪農製品	11.3	240	47
家畜（食肉）	9.4	136	69
果物、野菜	6.0	200	30
ワイン	5.6	606	9.2
動物栄養	4.7	43	109
砂糖	3.7	4	925.0
木材	4.2	19	22
動物受精	3.8	36	11
亜麻（リネン）	2.5	11	22

資料　Coop de France 'La Cooperation Agricole et Agroalimentaire2017'

もともと高級ワインの品質を保証する目的だったが、現在はワイン以外の産品にも適用されている。この地理的表示制度は1935年 A.O.C 法の成立により導入され、同年に現在の INAO の前身機関も設立されている。そして、このフランスの A.O.C の概念にならって2008年に EU で導入されたのが、A.O.P（Appellation d'Origine Protégée、EU の表記では PDO）：原産地保護呼称、以下 A.O.P と表記する）である。フランスの A.O.C. は、ほぼ A.O.P. とみなされる。

また、A.O.P よりも緩やかな制度として、I.G.P（Indication géographique protégée：地理的表示保護、以下 I.G.P と表記する）がある。これは生産地域に着目して EU で規定された規格で、A.O.P に準ずる位置づけとされる。図表11は EU のワインにおける A.O.P.、I.G.P. 登録数をみたものであるが、フランスはいずれの認証数でも上位に位置する。

フランスのワイン生産においては、この A.O.P. 等の認証取得が重要な意味を持つ。先の海外農産物との競争はワインも例外ではなく、こうした認証取得により EU 内および新興ワイン生産国との差別化をはかることがワインの付加価値を高め組合員へ還元を行うために必要だからである。

そして、これらの認証は、生産基準書（CDC）に基づく厳しい生産基準を遵守する必要があるため、農協と生産者の強い信頼関係がなければ維持できない。そのため、農協は組合員との意思疎通を積極的に行い、認証に関して組合員の積極的で主体的な取組みを促すことが必要になる。実際には、認証にかかる委員会を組合員主体で組合内に組織するケースや、組合員に農協の認証取得支援についての満足度調査を行うケースな

図表11　国別地理的表示登録数（ワイン）上位５か国

A.O.P（PDO）			I.G.P（PGI）		
合計		1306	合計		460
1	イタリア	474	1	イタリア	129
2	フランス	380	2	ギリシャ	116
3	スペイン	102	3	フランス	75
4	ハンガリー	56	4	スペイン	43
5	ブルガリア	52	5	ドイツ	26

資料　EU委員会データベース　E-Bacchusより筆者作成

ど様々な工夫が行われている（前掲内田（2019））。こうした取組みでは、小規模農協ゆえの組合員との近接性がメリットとなる。

ｃ．消費者ニーズに対応するための新たな認証取得

　現在のフランスのワイン農協は、A.O.P.、I.G.P. といった地理的な認証だけでなく、その生産プロセスに関する認証、たとえば AB（Agriculture Biologique）などの有機認証、持続的な農業に関する民間認証などを積極的に取得し、さらなるワインの付加価値向上に努める動きもある（内田（2019）参照）。また、生産者だけでなく、農協自身も醸造、貯蔵、ボトリング等の過程での品質管理の高度化にもつとめている。これらの取組みは量的な拡大よりも、質的な向上を目指したものであり、それにより、ワイナリーでの農協直売などによる単価の高いボトルワインの販売ウエイトを高め、収益性の高い農協経営を行っている。

　このように、先の図表２での左下、狭域で特定品目の農協の多くは、地域の風土（テロワール）を生かすことにより、付加価値を向上させることを目指している。最初の大規模化・広域化・グループ化（同図でいえば上や右上へ向かう動き）の取組みとは異なるが、いずれも最終的に組合員への経済的価値の還元につなげるようとする意味では同様の取組みである。

４．まとめ

　本章では、ここまでフランスの農協の近年の経営戦略の特徴について二つの方向からみてきた。

　一つは、規模拡大・広域化・グループ化という観点からで、そこからは、流通構造の変化や海外農畜産物との競争に対し農協側が対抗するうえで広域化や事業範囲の拡大に迫られたという側面があったこと、それらの取組みが可能となった背景には、①子会社設立およびその利益の農協組合員への還元を容易にした法改正、②農協法上の組合員との契約による出荷義務の存在、があったこと等も指摘した。日本とフランスでは、よってたつ農業生産基盤や法律、制度等の大きな違いがあり、単純な比較はできない。ただ、今回みたように、現在の農協が抱えている課題に

は両国で共通する点が多いことも指摘しておきたい。広域化した農協にとって、組合員への訴求力をいかに強化していくか、また、サプライチェーンのなかでの大規模化が進む大手企業に対抗し付加価値をいかに農協（組合員）側にとりこんでいくかは、日本でも重要な論点となっている。

　もう一つは、地域の風土を重視し、相対的に狭い範囲で活動するなかで高付加価値の農畜産物およびその加工品生産に注力するという動きである。外部環境が大きく変化するなかで、川上部門での付加価値向上に注力する動きであり、その代表がワイン農協である。これらの取組みにおいては、A.O.P. に代表される認証制度が重要な役割を果たしている。

　様々な認証が機能し、消費者に正しく評価されるためには制度への信頼が必要であるがフランスでは INAO という公的機関がその役割を果たすとともに、認証取得は生産者の理解と協力が不可欠なために、農協においても様々な取組みや工夫が行われている。日本でも地理的表示(GI)保護制度等の取組みを拡大しようとしており、参考になる点とみられる。

〈参考文献〉
・明田作・内田多喜生・小田志保・斉藤由理子・重頭ユカリ（2018）「フランス、ドイツ、オランダの農業協同組合、協同組合銀行の制度と実情」総研レポート、30調一 No. 4
・石川武彦（2014）「農林水産物・食品の地理的表示保護制度の創設（上）」『立法と調査』7月
・内田多喜生（2019）「フランスのワイン農協における付加価値向上のための取組み」『農林金融』6月号
・内田多喜生（2018）「フランスにおける農協の新たな展開」『農林金融』6月号
・内藤恵久・須田文明・羽子田知子（2012）「地理的表示の保護制度について―EU の地理的表示保護制度と我が国への制度の導入―」行政対応特別研究［地理的表示］研究資料、6月
・日本貿易振興機構（2016）「食品安全認証規格・規制実態調査　フランス」3月
・ペイマン, J.C. イリオポウロス and K.J. ポッペ編著（2015）『EU の農協―役割と支援策―』（農林中金総合研究所海外協同組合研究会訳）農林統計出版
・ベックム, O.V. ほか（2000）『EU の農協―21世紀への展望―』（農林中金総合研究所海外農協研究会訳）
・須田文明（2015）「フランスの農業構造と農地制度―最近の研究の整理から―」『平成26年度カントリーレポート：EU（フランス，デンマーク）』（第3章）農林水産政策研究所
・原田純孝（2010）「農地貸借の自由化とその今後―道半ばの『改革』のゆくえを問う―」『日本不動産学会誌』第24巻第3号
・Filippi, M.（2012）Support for Farmers' Cooperatives: Country Report France, Wageningen: Wageningen UR.
・Filippi, M. and R. Kühl（2012）"Support forFarmers' Cooperatives Case Study Report

Agrial〔FR〕, BayWa〔DE〕 and Internationalisation", Wageningen:Wageningen UR.
· Saïsset, L.A.（2017）"From Val d' Orbieu to InVivo Wine: the emergence of new ways of strategic partnership and governance inFrench wine industry," Working PapersMOISA, 264059.

第12章

EU の農協における生産調整の内部化

小田 志保

　2018年度に、日本では行政によるコメの生産数量目標の配分がなくなった。また、同年度から、低乳価の加工向け生乳に支払われる加工原料乳生産者補給金が、旧指定団体以外の事業者に出荷した酪農家へも交付されるようになり、生乳の一元集荷体制にかかる制度的裏づけはなくなった。

　このように、農畜産物の生産・出荷にかかる行政の関与は後退しており、それは EU でも同様である。1992年の CAP 改革以降、EU 政府は支持価格を切り下げ、農畜産物の市場自由化を進めてきた。生産調整に関しても、ついに2017年には砂糖クォータ制が廃止となり、すべての部門で生産調整は撤廃となった。

　こうした制度改正で見込まれる増産を、EU 政府は輸出に仕向け、生産から食品製造までのサプライチェーン全体での競争力強化を目指した。すでに、EU 産の豚肉や乳製品は国際市場の出回り量の 2 ～ 4 割を占めるほどになっている。

　以上のような変化に EU の農協はどう対応してきたのか。本章では、前章に引き続き、EU の動向に目を向けてみよう。

1．EU の農業

　まず、EU の農業を概観する。EU は日本と違い農畜産物の輸出大国

だが、家族経営が支えるという日本との共通点もある。

(1)　農業産出額や輸出動向

　EU は経済、政治、司法、内務制度の統合体である。20年１月末の英国離脱で、加盟国は27か国となった。ただし、20年末までは関税等の域内市場にかかる制度に変化はなく、執筆時である20年２月ではその影響を見通せない。本章では28か国ベースで、論を進めたい。

　EU28か国の国土面積は日本の11倍に相当する429万km²で、人口は５億１千万人である。18年の GDP は日本の４倍の18.8兆米ドルで、その75％程を上位６か国（ドイツ、英国、フランス、イタリア、スペイン、オランダ）が占める。すなわち、北西欧と、南東欧の経済格差は大きい[※1]。

　日本と同じく、農林水産業の国内総生産が GDP に占める割合は１％台と小さい。しかし、EU は農業大国でもある。その耕地面積は１億554万 ha と日本の25倍で、17年の農業産出額は3,678億ユーロと、日本の５倍に相当する。

　図表１に EU と日本の産出額を品目別に比較した。畜産（1,639億ユーロ）は、日本の6.4倍を産出する。品目では、日本の9.4倍の酪農品と、7.1倍の家禽や豚（生体と食肉）が注目される。

　酪農品や豚肉や家禽は、EU の主な輸出品目であり、国際市場での存

図表1　EU と日本の農業産出額（2017年）

（単位　億€、%）

	EU	日本	EU/日本
総額	3,678	732	5.0
耕種	2,039	471	4.3
穀類	425	141	3.0
野菜・園芸作物	533	194	2.8
果実	261	67	3.9
畜産	1,639	257	6.4
食肉・生体	968	-	-
牛	314	70	4.5
豚	366	51	7.1
家禽	200	28	7.1
酪農品	550	58	9.4
卵	94	42	2.3

資料　欧州委員会、農林水産省
（注）17年の年間平均レート1ユーロ126.6円で計算

在感も大きい。16〜18年平均で、国際市場での主な品目について、EU[2]の生産量、世界の生産量や輸出量に占める EU の割合をみてみた（図表２）。

まず、酪農品では、EU の生乳生産量は150百万 t 程で、これは世界の生産量の２割を占める。輸出については、EU 産チーズが世界の輸出量の42％を、脱脂粉乳が30％を、バターが28％を占めている。

つぎに、豚肉では、EU の生産量は23百万 t で、やはり世界の２割を産出している。世界の輸出量では４割が EU 産で、残る４割は北米産となっている。

※1　Worldbank Open data による（https://data.worldbank.org/）。なお、米ドル表記とユーロ表記が混在するが、オリジナルの資料のままである。
※2　ここでは資料の関係で英国を除いた27か国のもの。

(2)　家族経営が支える EU 農業

農畜産物の輸出大国であっても、EU の農業は家族経営が中心である。16年の EU には1,050万の農場があり、その95.2％は家族経営である[3]。また、家族経営とそれ以外で分けると、農業従事日数の８割、農地面積、飼養頭羽数、また農業産出額の６割が家族経営となる。

興味深いのは、EU が家族経営を重視することに加えて、兼業を含む農業経営の多様性を強みと認識している点である。具体的には、農業の持続可能性を高めるよう、単作ではなく輪作を、またオーガニック農法を政府は推進している[4]。

図表２　世界の生産量・輸出量に占める EU の割合と EU の生産量（16−18年平均）

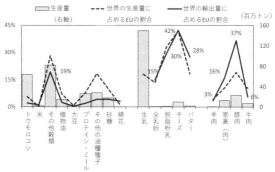

資料　FAO「OECD-FAO Agricultural Outlook 2019-2028」
（注）EUは英国を除いた27か国。

この農業経営における多様性の推進は、担い手農家による効率の良い農業に収れんさせながら輸出を目指す日本と違い、輸出の強化と相反しない。17年にバイエルン州食料・農林業省で実施したヒアリングでは、国際相場の下落で、EU域内の乳価が暴落した際、兼業の酪農家には大きな影響がなかったことを例に、輸出の推進と地域の酪農振興には、メガファームばかりが均一的に広がる構造は望ましくないとの意見が聞かれた。

　しかし、現実には経営体数の減少と経営の大規模化に歯止めがかかっていない。EUの経営体数は05年から16年に３割減となった。この減少幅を経営面積別にみると、２ha未満層で４割減と比較的大きく、２〜4.9ha層で３割減、５〜19.9ha層で２割減、20〜49.9ha層で１割減と、大規模層で減少幅が小さかった。また、同時期に100ha以上層は２割増加している。

※３　Eurostatウェブサイト参照。
※４　https://ec.europa.eu/info/food-farming-fisheries/key-policies/common-agricultural-policy/

２．EUの大規模な農協の動向

⑴　EUの農協の概要

　EUでは、大半の農業者が農協の組合員であるといってよい。EUの農協の組合員数は620万人で、売上高は3,500億ユーロである（HCCA（2018））。前述のようにEUの農場数は1,050万であるから、１農場複数組合員制もあろうが、農業者の大半が農協に加入しているとみなすことができる。

　なお、EUの農協の多くは、金融事業を兼営しない、日本でいう専門農協である。また、一人一票制や、出資者と利用者と運営者の三位一体性等、協同組合のルールを備えているなら、株式会社であっても、統計上、また制度上は農協にカウントされている。

　産地出荷段階での農協のシェアは、４〜５割とされている（ベイマン, J.C. 他（2015））。しかし、このように産地出荷段階のシェアは５割程だが、EUの農協の総売上高とEUの農業産出額はほぼ同額である。こ

れは、農協の売上高には加工事業の収益が多く含まれるからである。多くの農協が、組合員から集荷した農畜産物を子会社等で加工している。これは、集荷段階から製造部門への事業拡大で得られた利益による、組合員へ還元する農畜産物代金の増大と安定化が目的であった。

(2)　売上高上位の大規模農協

　こうした川下部門への垂直統合、そして輸出に積極的なのは、北西欧の大規模な農協である。17年の売上高の順にみると、1位はドイツのバイヴァ（181.4億米ドル）、2位はオランダのフリースランド・カンピナ（137.8億米ドル）、3位はデンマーク・スウェーデンのアーラフーズ（118.1億米ドル）、4位はデンマークのデニッシュ・クラウン（94.1億米ドル）、5位はドイツのズード・ツッカー（78.9億米ドル）となっている（EURESICE（2019））。

　1位のバイヴァは、1923年にバイエルン州の経済連として誕生した。現在は、農業、発電、建材をコアビジネスとし、その貿易や販売、およびサービス提供を行う。とくに農業のウェイトは大きく、18年の売上高では66％が農業部門で、同割合は過去10年間程は不動である。

　バイヴァの国際化は、08年に現在のクラウス・ヨセフ・ルッツ氏が理事長に就任してから、一層進んだという。それ以前もチェコ等の近隣諸国へは進出していたが、12年にニュージーランドのターナーズ＆グロワーズ社の買収で、一気に国際化が進んだ。

　バイヴァの国際化は、地域農業の振興のためにある。ルッツ理事長によると、国際化で利益を得て経営の安定をはかることが、ドイツの農業者への生産資材購買事業の維持につながっている。バイヴァの本拠地があるバイエルン州には BMW 社の本社がある等、兼業機会が豊富である。小口で採算性の低い、こうした兼業農家との取引を維持しながら、バイヴァは国際化に取り組み、地域農業に資するようなビジネスモデルの構築を行っているという[5]。

　また、第2位のフリースランド・カンピナは酪農協で、組合員の生乳を集荷し、その加工を子会社が引き受け、得られた利益を乳価等で組合

図表3　フリースランド・カンピナの売上高と職員数の地域別割合

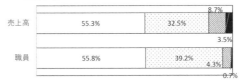

資料　フリースランドカンピナ酪農協内部資料より農中総研作成

員に還元している（小田（2019））。

　同農協は、組合員が生産した生乳からの栄養分を最大限活用し、世界の消費者へ乳製品を届けることを経営理念に掲げている。したがって、売上高に占める外国市場からの収益の比率は高く、18年では欧州市場の構成比が55.3％である一方、アジア・オセアニア市場が32.5％、アフリカ・中東市場が8.7％となっている（図表3）。

※5　19年初頭のインタビューを参照（https://www.bwagrar.de/Aktuelles/Regional-und-International-widersprechen-sich-nicht,QUlEPTYwNDk3NTImTUlEPTUxNjQ0.html）

(3)　EUの農畜産物・食品の輸出環境

　組合員の営農を支える為、EUの大規模な農協は国際化を進めてきた。しかし、相場は国際情勢等に翻弄され、想定通りの事業展開はむずかしいようである。

　主要な輸出品目である酪農品の動向をみてみよう。生産調整である生乳クォータ制度の15年の廃止に向けて、09年からは激変緩和措置として、各国の生乳割当量はおおむね年1％ずつ増やされた。これに応じて、EUの生乳生産量は増加し、この増産分の多くが輸出に仕向けられた。この時期の酪農品の輸出量（製品ベース）をみると、09年の246万tから15年の395万tまで150万t程増加した（図表4）。

　しかし、14年にロシアが禁輸措置を導入すると、酪農品の単価（輸出額／輸出量）は大きく下落した。直近では単価は徐々に上向いているが、未だに09年の水準を下回っている。

　もう一つの主要輸出品である豚肉も同様の傾向がある。豚肉※6の輸出

図表4　EUの乳製品の輸出量と単価

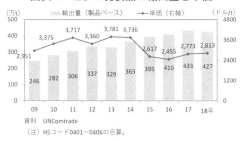

資料　UNComtrade
（注）HSコード0401〜0406の合算。

量は09年の100万 t から18年の200万 t へ倍増したが、14年から15年に単価は下落し、その後も元の水準まで回復していない。

※6　HSコード0203のもの。

３. 農協による生産調整の導入事例

　ロシアの禁輸措置の導入で、輸出からの利益確保が見通せないなか、組合員が増産を続けると、農協は国際市場で廉売を避けられなくなる。廉売は組合員への還元分の縮小につながってしまう。そこで、EUの農協では、販売に見合った集荷量の管理を行うような、生産調整の内部化が広がっている。以下では、フランスの酪農協と、オランダの砂糖農協の事例をみていこう。

⑴　フランスのソディアール・ユニオン酪農協における AB 価格システム

a．農協の概要

　ソディアール・ユニオン酪農協グループ（以下「SU」）は、フランス国内全域を商圏とする農協とその子会社群である。２万人程の組合員から集めた500万 t の生乳で、各子会社が乳製品を製造している。この様な事業形態は、中小企業が多い日本の農協系乳業プラントと似ているが、SU はフランスの大手乳業であるダノン社等と互角の事業規模にある。18年の売上高は50億ユーロと、世界で上位15位である。

　その歴史は、複数の地域酪農協連合会が合併した1964年に遡る。この

広域連合会が、90年の組織再編で全国連合となり、さらに2007年に傘下の単協を合併し、大規模酪農協グループである SU が誕生した。

　SU は、上部構造である農協と、加工事業を担当する12の子会社・関連会社群からなる。一人一票制に基づき、農協の総代会で、子会社の乳業の経営の方向性が決まる。しかし、現場の実務については迅速性が求められ、子会社自身が判断する。

　子会社・関連会社のうち4社はチーズ、1社は飲用乳とバター、3社は食品原料、2社はヨーグルト等、1社は飼料の製造と販売を担当し、残る1社は外食産業への営業・販売に特化している。

b．AB 価格システム導入の経緯

　11年に、SU は多段階の価格体系である「AB 価格システム（Le système de gestion volume/prix）」を導入した。導入目的は、15年の生乳クォータ制度廃止後に見通される乳価変動を抑制しながら、輸出を強化することであった。なお、EU では他の大規模酪農協も同様のシステムを導入しつつあるが、SU の導入は比較的早い時期である[7]。

　導入にあたっては、多様な組合員の平等性を保つことが課題となっていた。組合員には、フランス北西部に多い大規模経営体から、南西部の山間部の小規模な酪農家までおり、その経営内容は多様であった。さら

図表5　AB 価格システムの仕組み（リファレンス量300t）

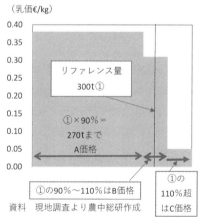

資料　現地調査より農中総研作成

に、経営者の年齢と、後継者や投資余力の有無から、組合員には、経営規模の維持を望む層と規模拡大を志向し、農協の輸出強化を求める層が混在した。

　また、歴史的に EU の酪農協は、生乳という貯蔵性の低い産品を、全量出荷するために酪農家自身が組織化したものであり、民間の乳業では契約量を超過する出荷分にペナルティを課す等行うが、同条件で全量を出荷するルールには強いこだわりもあった。したがって、生乳クォータ制廃止後に SU が組合員の出荷量の上限につながる AB 価格の仕組みを導入するのは容易ではなかった。

　しかし、最終的には、価格シグナルにより出荷量を調整することが受け入れられ、総代会での決議を経て AB 価格システムが導入された。

※7　オランダのフリースランド・カンピナは19年に AB 価格システムを導入した。

c．AB 価格システムの内容

　AB 価格システムでは、15年までのクォータ制度下の各組合員の割り当て分の相当量を「リファレンス量」とし[8]、このリファレンス量の90％以下の乳価を A 価格、90％を超えた部分は B 価格、リファレンス量を10％超過した分は、低価格の C 価格とした。たとえば、リファレンス量が年間300ｔならば、270ｔまでが A 価格で、270ｔ超〜330ｔまでは B 価格、330ｔを超過する量は C 価格での乳代精算となる（図表5）。A〜C 価格の算定基準は異なっており、B 価格と C 価格は A 価格より低く設定され、リファレンス量を超える生産を抑制する仕組みである。

　A 価格は、国内市場向け乳製品の価格を参照する。19年10月の SU へのヒアリング時点では0.38ユーロ/ℓであった。また、同時点では、国際市場のバターと脱脂粉乳の価格水準に連動する B 価格は0.31ユーロ/ℓで、C 価格は0.05ユーロ/ℓであった。18年度の総合乳価が103.4円/kgの日本と比べると、A 価格や B 価格でも十分低いが、C 価格にいたっては懲罰的な意味合いさえも感じられる

　つぎに、これらの年間リファレンスの月次の分配をみてみよう。リファレンス量が300ｔの例では、A 量（300ｔの9割）を12等分した22.5ｔが月次で分配される。この月次の上限量までは A 価格で乳代は精算され、

それ以上はB価格やC価格となる（図表6）。

　日本と同様、暑さで生産量が減ってしまう夏場の生産を刺激するような仕組みはある。8～10月に限っては、SUは出荷全量をA価格としている。

　さらに、月次上限量の20％までを他の月に移行することで、組合員は各月の出荷量にある程度調整することができる。つまり、図表6でいえば、11月は月次上限量（22.5 t）を1.5 t下回る21.0 tを出荷し、翌年1月に24.0 tを出荷し、いずれもA価格での乳代精算とすることは可能である。乳牛は分娩から時間が経過すると乳量は減る。分娩が集中すれば、瞬間的に出荷量が月次上限量を超過することもありえるので、調整の仕組みが求められたのであろう。

　月次上限量と同時に、組合員には出荷下限量も課せられている。各組合員の出荷量は最低でもA価格が支払われる量（リファレンス量の90％）の7割とされている。

　こういった月次上限量やその他の月への移行は、インターネットの組合員専用ページにある組合員個人のアカウントで、組合員自身が管理する。さらに、翌年度分の増産等が見込まれる場合等も、7～9月に同ウェブサイト経由で、SUにその旨を組合員が申請する。申請に対して、SUは市場の見通し等を勘案し、12月までに回答を示す。

　AB価格システムは、現在までは問題なく運用されているとのことである。C価格という超低価格を避けながら、2段階制の価格体系を両にらみし、組合員は経営計画を策定するという。同システム導入後もSUは組合員と十分にコミュニケーションをはかり、組合員に同システムの継続意向を確認し続けている。たとえば、導入から3年後の14年に、

図表6　A価格を得る月次上限量
（例：リファレンス量が300t）

	4～7月	8～10月	11～翌年3月
上限量	月次 22.5t	上限なし	月次 22.5t

資料　SUの内部資料より農中総研作成

SU は組合員アンケートを実施し、組合員の継続への強い意向を確認している。

このように AB 価格システムに関する組合員の満足度の高さは、商系と比べ SU の受入許容量が大きいからとのことである。SU によると、非農協系の乳業は、リファレンス量までは SU より高い乳価で買い取っていても、B 価格帯はなく、契約量を超過すると C 価格以下での出荷となるほか、超過分を集荷拒否される場合もあるとのことである。

※8　このリファレンス量を、クォータ制度廃止後もフランスでは各乳業が生産者に割り当てており、SU に特有の仕組みではない。

d．新規就農者等の若い酪農家への特例

EU の他の酪農主要国と違い、生産調整廃止後にフランスの生乳生産量は伸び悩んでいる。これには、生乳クォータ制廃止にともない導入した国内の措置で、各乳業が実施する生産調整の仕組みがフランスのみで残存してしまったからである（小田（2020））。

これに危機感を抱き、SU は若い酪農家への支援を強化している。40歳までの若い酪農家に対しては、農場あたり300 t ※9と多めのリファレンス量を設定し、また、離農分のリファレンス量も優先的に配分する等に取り組んでいる。

若い酪農家に分配されなかった残余分は、増頭等の規模拡大を志向する酪農家へ分配される。増頭の際は実行前に1頭につき10 t のリファレンス量が、前述のウェブサイト経由で、酪農家から SU に申請される。

リファレンス量の増加が許可された酪農家は、追加量に応じた出資金額を2か月以内に払い込む。これは、内規によって、出荷量に応じた出資金の払い込みが決められているからである。

※9　正確には30万リットルが設定されるが、文章中の統一性を重視し、1キロリットルを1トンと換算。

⑵　オランダ・てん菜農協「ロイヤル・コスン」における LLB システム

ａ．農協の概要

　ロイヤル・コスン農協グループ（以下、「コスン」）は大規模なてん菜加工農協で、組合員は、オランダの9,000人のてん菜栽培者である。18年の売上高は20.5億ユーロで、日本最大規模である三井製糖株式会社の売上高（17年度に1,053億円）の2.5倍である。

　1990年代に、オランダ国内の各農協が合併し、国内最大のてん菜農協グループとしてコスンが誕生した。さらに、2007年には、ライバルの商系（CSM）のてん菜事業を買収し、国内で独占的な位置を獲得した。

　コスンは、SU と同様に、上部構造の農協と九つの有限責任会社が構成する子会社群からなる。

　その2010年代の売上高は概ね横ばい傾向だが、18年の売上高は20.5億ユーロと、13年の21.7億ユーロに比べ１億ユーロ減少した。ただし、これは砂糖の国際市況からすると健闘しているといえよう。18年の砂糖価格は13年対比で15％程下回っているからである。

　この砂糖価格の低下に対し、コスンは砂糖以外の部門やオランダ市場以外への進出で、売上の維持に努めている。図表７に、部門別、場所別の売上高に示した。まず、部門別だと13年から18年にかけて、砂糖の割合が46.3％から35.2％に11ポイント低下する一方、馬鈴薯は32.6％から42.2％に10ポイント上昇した。さらに、同期間で場所別売上高は、オラ

図表7　ロイヤル・コスン農協グループの部門別、場所別売上高

		2013年 百万€	(割合) %	2018年 百万€	(割合) %
	売上高	2,166.3	100.0	2,046.4	100.0
部門別	砂糖	1,003.0	46.3	719.6	35.2
	馬鈴薯	707.1	32.6	863.7	42.2
	その他	456.2	21.1	463.1	22.6
場所別	オランダ	867.0	40.0	562.7	27.5
	その他EU	1,035.5	47.8	1,107.2	54.1
	EU以外の欧州	40.3	1.9	51.5	2.5
	北南米	109.2	5.0	129.6	6.3
	その他	114.3	5.3	195.4	9.5

資料　ロイヤル・コスン農協の年次報告書より農中総研作成

ンダが40.0％から27.5％へ13ポイント程減少するなか、その他EUが6.3ポイント増加する等、オランダ以外の市場で売上高を増やした。

こうしたコスンの事業戦略は、組合員に対して支払うてん菜の代金を捻出するためである。馬鈴薯等の出荷者は組合員として取り扱われず、事業利益は組合員のみにてん菜出荷量に応じて配分される。もちろん、コスンの組合員も馬鈴薯を出荷するが、その取引は員外取引となる。

b．LLBシステムの導入の経緯とその内容

13年にEU政府は、17年に砂糖クォータ制度を廃止することを決めた。

この制度廃止の決定を受けて、13年以降にコスンでは新たな仕組みづくりの協議を開始した。協議の場は、年3～4回、各地区で行われる組合員協議会 Members' Council であった。大きな議題は、生産調整廃止後の増産分を組合員間でどうすれば平等に分配できるか、という点にあった。2年間の議論を経て、15年8月に新たな価格と出荷量管理の方法の導入が組織内で決定した。

以下では、17年に導入された、「組合員出荷証明（Ledenleveringsbewijzen（LLB））」の内容を説明したい。

LLBは記名式の出荷権であり、1LLBを所有する組合員は、糖度17％のてん菜1tを組合員価格で出荷できる。実際の運用では、砂糖の市場動向をみてコスンが定めた分配率をこのLLBに乗じ、その年の実際の出荷量が決まる。たとえば、分配率が102％なら、1LLBあたり1.02tのてん菜を出荷できることになる。

一方で、組合員には出荷義務も課されている。所有するLLBに基づく出荷量の85％が、組合員の出荷下限量とされている。大きな天候不良で大幅減収が見込まれる場合、生産者はその年の9月1日までに出荷義務免除を理事会に申請できる。免除されない場合は、罰金かLLBの削減というペナルティが組合員に課される。

c．LLBシステムへの移行プロセス

つぎに、LLBへの移行プロセスをみていこう。前提として、砂糖クォータ制のもと各組合員に配分されていたクォータである「リファレンス量」は、過去5年間から出荷量の大きい3か年の平均値であるため、

必ずしもコスンへの出資額と一致したものではなかったと思われる。

大きな流れとしては、まず、各組合員へは、出資持分に19を乗じた数のLLBが配布された。つぎに、クォータ制のもとで各生産者に配布されていたリファレンス量を上限に、各組合員はLLBの追加購入を許された。

詳細をみていこう。図表8に、二つの事例を提示した。たとえば、組合員Aさんはクォータ制のもと1,294t（糖度17%）のリファレンス量を割当てられており、出資持分は35口あったとする。移行後は、この35口に19を乗じた665LLBが配布されたが、これでは665tを出荷できるに過ぎず、それまでのリファレンス量を下回る。そこで、Aさんがクォータ時代の出荷量を維持したいなら、その差はLLBの追加購入で埋め合わせる仕組みが講じられているわけである。

16年6月までに、組合員は、単価5.5ユーロのLLBについて、追加購入を行う意思の有無をコスンに提出した。そこで追加購入を望まない組合員は、17年には作付面積を減らすことが求められた[10]。

Aさんよりも出資持分が多い組合員Bさんの例と比べてみると、導入前に出資持分が多かった組合員ほど、多数のLLBが分配されたといえよう。しかし、リファレンス量まではLLBの追加購入が許されており、生産者の経営計画への影響はそれほど大きくなかったと思われる。

LLBは、コスンへの出資と分類されている。すなわち、LLBシステムの導入で、コスンは従来の出資金とLLBというハイブリッドの出資体系を構築したこととなる。この出資体系では、部分的に組合員は出荷量に基づいた出資を求められるようになったが、これは、生産者においては生産調整の廃止で自由な作付けが可能になるなか、農協側が組合員

図表8　LLBシステムへの変換の事例

＜出荷権の調整＞

生産調整廃止前				LLBシステムへの変換	
	リファレンス量	出資持分		LLB配布量	LLBの追加購入可能枠
組合員Aさん	1,294t	35口		19×35＝665LLB	1,294-665＝629
組合員Bさん	1,294t	47口		19×47＝893LLB	1,294-893＝401

資料　コスンウェブサイトから作成

に対して計画通りの出荷量を遵守するような仕組みの強化を狙ったもの
であると考えられる。

※10　なお、LLBの追加購入にかかる資金調達に際しては、出資持分の払い戻しを受け、
　　　それを原資とすることが可能であった。16年３月に組合員専用ウェブサイトに、各組合
　　　員の出資金返済可能額が提示された。それを参考に、各組合員は同月中にコスンに出資
　　　金の返金を申し出た。

４．おわりに―競争力の強化と組合員間の平等のなかで―

　制度環境が変化するなか、EUの大規模な農協は、輸出や他部門へ進
出を果たしている。世界上位の農協をみると、そのような競争力強化の
取組みは、農協の基盤となる地域農業の振興を続けることが目的となっ
ている。これは、総合事業を通じて地域農業振興を目指す、総合農協と
も共通する考え方であるように思われ、興味深い。

　しかし、輸出動向からは、国際情勢に左右され、EUの主な輸出産品
である酪農品や豚肉の単価の下落は著しく、その後も回復できていない。
日本よりも輸出の面では先行するEUの農協が陥っている苦境を考える
と、改めて、農協が輸出に取り組む際のリスクの大きさが認識された。

　こうした環境変化に対する農協の対応の一つである、生産調整の内部
化について、酪農部門と砂糖部門の事例を詳しくみた。特筆すべきは、
いずれも組合員の平等性を重視しながらも、SUではA～C価格とグラ
デーションをつけた価格体系で、できるだけ全量を受け入れる体制を整
える方法が採用されていた。一方で、コスンでは、LLBあたりの１ t
を組合員価格で出荷するという、画一的な方法が採用されていた。

　このような部門別の違いは、酪農経営に比べて、てん菜は輪作作物で
あり、組合員が経営体内で作付面積をある程度は調整できる、という部
門の特性に起因していると考えられる。分娩可能な年齢まで牛を育成し、
種付けから生乳出産までやはり１年間が必要な酪農では、短期間での生
産調整はむずかしく、AB価格システムのような全量出荷を前提とした
段階的な価格体系を要したのであろう。

　この点から展開して考えると、フランスで、非農協系の乳業がリファ
レンス量超過分の受け入れを拒否するということも聞かれており、ビジ

ネスライクな出荷関係にあることは注目される。同じ国の酪農部門にありながら、農協では部門の特性を鑑みて、生産者の協議を経た、民主主義的な意思決定を経て、システムは変更されている。一方の非農協系の乳業では、農業者側の論理を与しない、乳業資本としての経済合理性が追求されているのであろう。

　こうした点が、社会経済に与える影響については今回は深く分析していないが、ここでみられたように、現段階のEUの農協の地域農業振興に関するあり方は、部門別の違いや業態別の考え方等が色濃く反映していると考えられ、さらなる研究が必要と思われる。

参考図書：
EURICE,2019,EXPLORING THE COOPERATIVE ECONOMY Report 2019
HCCA,2018,LA COOPÉRATION
AGRICOLE DANS L'UNION EUROPÉENNE,UN RÔLE MAJEUR, UNE RÉELLE DIVERSITÉ
European Commission, 2019 June, Statistical Factsheet European Union
Filippi, M., R. Kühl, B. Smit（2012）. Support for Farmers' Cooperatives; Case Study Report; Internationalisation of Sugar Cooperatives: Cosun, Südzucker/Agrana, Tereos. Wageningen: Wageningen UR.
小田志保（2019）「EUの酪農協における意思決定や利益配分のあり方—スペイン、フランス、オランダの酪農協を事例に—」『農林金融（2019年3月号）』
小田志保（2020）「EUにおける酪農家の組織化と生乳取引のあり方—ドイツ・フランスを中心に」『酪農乳業速報　2020新春特集』
農林中金総合研究所、2018年、「平成29年度　世界の協同組合組織の発展事例に係る調査委託事業報告書」、農林水産省ウェブサイト
ベイマン,J.C.他（2015）『EUの農協—役割と支援策—』（農林中金総合研究所海外協同組合研究会訳）、農林統計出版
（本研究の一部はJSPS科研費17K07961の助成を受けたものである。）

おわりに

　「はじめに」でも紹介された通り、本書は月刊雑誌『農業協同組合経営実務』の連載をまとめたものである。そして同時に、昨年出版された『JA経営の真髄　地域・協同組織金融とJA信用事業』に続く『JA経営の真髄』シリーズの2冊目となっている。

　前作が信用事業を対象としていたのに対し、本書は営農経済事業を対象として、その歴史や現状と課題について明らかにしている。また、紹介する事例はJAの営農経済事業に限らず、JA出資型法人や専門農協、海外の農業者支援や農協の事例など、幅広い題材を扱っているのも特徴といえよう。

　また、本書はなにか具体的な結論を導き出すことは企図していない。むしろ、読者諸賢がそれぞれ持っている問題意識にしたがって読み進めてもらえれば、何か考える素材を提供できるのではないかということが期待されている。

　さて、「はじめに」では、JA営農経済事業の今日的課題として二つの課題が取り上げられた。第1は農協改革集中推進期間が終了した後も続く、JAの創造的自己改革の実践である。特に営農経済事業には、「農業者の所得増大」「農業生産の拡大」に向けた取組みが求められている。第2は超低金利下で信用事業の収益悪化が懸念されるなかで、これまで信用・共済事業の収益を頼りにしてきた営農経済事業の収支を、いかに改善させるかである。

　信用事業から経済事業への経営資源のシフトも求められているなかで、営農経済事業改革の必要性は増すことはあっても減ることはないだろう。

　以上の二つの課題に取り組むJAの営農経済事業であるが、第1の課題と第2の課題では、その目的語が「地域農業（者）」と「JA」という違いがあるため、時にその利害が一致しないことも考えられる。

　一番簡単な例はJAの利用に関する各種の手数料であろう。もし手数

料を引き下げれば地域農業（者）にとってはプラスとなるものの、JA
の営農経済事業にはマイナスとなる。他にも、施設の統廃合や職員の人
員削減など、JA が事業収支改善だけを目的に実行すれば、地域農業（者）
への副作用が大きくなるものも考えられる。

　ただ、JA は農業者の組織であるので、本来的には「地域農業（者）」
と「JA」の利害が一致する部分は多くある。農業者の育成や JA の利用
を通じた有利な購買・販売、農産物の高付加価値化などである。そして
これらは創造的自己改革で掲げられている「農業生産の拡大」に含まれ
るものでもある。結局のところ、「地域農業の振興」こそが JA の営農
経済事業に求められている、ということは今も昔も変化がないのではな
いだろうか。

　本書で取り上げた事例の多くが、以上のような「地域農業の振興」を
進めているのは明らかであろう。JA が営農経済事業改革を通じて、ど
のように「『地域農業（者）』そして『JA』」にプラスの影響を与えてき
たのか。この視点から、本書の内容を振り返ってみたい。

　まず第 1 部（第 1 章〜第 3 章）では、主に戦後から現在にいたるまで
の間、JA が地域農業に果たしてきた役割が述べられている。戦後の食
糧生産の拡大から、高度成長期以降の国際化への対応や担い手づくり、
地域農業戦略の策定・実践など、JA はその役割を変容させながら、今
も取組みを進めている。この背景には、日本社会の変化や農政の変化な
ど、様々な要因があるものの、JA が地域農業を振興するという看板を
下げたことはなかったといえよう。
　そうした JA の姿勢が象徴的に表れた事例が、第 3 章の津波被災地の
農業復興であった。被災農業者の営農意向の把握や復興計画の策定、交
付金の受け皿づくり等、農業者組織としての JA の存在感を示している。
　地域の農業者の意見を集約し、地域農業のビジョンと戦略・計画を示
し、必要な支援を実施していく。これらは JA の地域農業振興の要であり、
第 2 部以降を読んでいくなかでも常に底流として感じ取ることができる

だろう。そういう意味では、第1部ですでに本書の大枠は示されていると言えるかもしれない。

　第2部以降（第4章～第12章）は、それぞれJAや総合農協以外の主体、海外の農協などによる取組みを各論的に取り上げることで、第1部で示された大枠に対して肉付けをしていったものと位置づけることができる。

　冒頭で述べた通り、本書は具体的な結論を導くものではない。以下では、ちりばめられた事例の整理を目的に、「地域農業の振興」に向けた取組みのエッセンスを、筆者（長谷）なりにまとめてみたい。

　第1に、それぞれの地域に合った取組みを展開していることである。農業は気候や地形といった自然要因、作物構成や人口構成、兼業機会といった社会的要因によって、地域ごとにその様相は大きく異なる。第4章で取り上げたJA阿新（現在のJA晴れの国岡山）では、中山間農業地域という特性から、多様な担い手による持続的な農業を目指して改革を進めている。第5章のJA常総ひかりの事例でも農業者のニーズに合わせて新たな部会を設立し、JAグループの営農経済事業と一体的な取組みを進めることで、その成果を上げている。また、フランスの農協（第11章）でも、作物や地域特性によってさまざまな戦略を描いていることが明らかにされている。

　本書で取り上げられた施策を他のJAがそのまま実行できることは少ないだろうが、それらを参考にしつつ、地域農業に根差した施策を展開することが求められている。

　第2に、農業者の意欲を引き出す施策である。地域農業振興の主人公は農業者であり、彼らの意欲の向上が地域農業振興に不可欠であることは論を俟たない。問題はそれをいかに引き出すかである。第7章では、農産物の地域ブランド化によって認知度を上げることが、生産者のモチベーションや誇りを高めたことが紹介された。また、専門農協を扱った第9章では、生産者の負託に応える組合運営が、生産性の向上や全利用という結果をもたらしたことが示唆されている。

　第3に、経営の効率化である。地域農業の振興が重要と言っても、

JAはそれだけを無分別に追求すればいいわけではない。営農経済事業の収支改善が求められている以上、費用の削減によって経営の効率化を図ることは、避けて通れない課題である。第6章では共同利用施設の再編を取り上げた。稼働率向上のための仕組みや条件不利になる農業者への対応などを、農業者との丁寧に協議することを通じて施設再編を実現している。

第4に、専門性の追求である。農業の大規模化・専門化が進展している中で、JAの営農経済事業についても、大規模な担い手に対応できる専門性が求められるようになってきている。また、新しい作物や技術の導入に向けても、JAに期待する部分はいまだ大きい。そこで参考になるのは、第8章のJA出資型農業法人の事例であろう。当初は担い手のいない条件不利地を引き受けて耕作するのが主な目的であったが、現在では農業関連企業との連携、新しい技術や経営手法の導入・普及など、その専門性を活かして新たな取組みをけん引する役割も見られるようになっている。アメリカの協同普及事業を取り上げた第10章でも同様の動きが見られる。普及事業と営農指導との機能分担も含めて参考になると思われる。

最後に、以上のような取組みを進めるうえで重要なものとして、JAの組織力があることを指摘しておきたい。地域農業の振興は、少数の企業的な担い手だけでなく、集落営農組織や小規模な家族経営など多様な農業者の協力によって可能になる。そうした多様な農業者の意見を集約・調整できることがJAの組織力であり、それが地域農業の振興も可能としている。では、その組織力を担保するものは何か。それは、組合員と徹底的に話し合うことと公平性の追求だと思われる。

本書で取り上げた事例の多くで、組合員との話し合いを通じて地域農業のあり方や、農協の施策に対する意思の共有がなされている。また、その中で公平性にも配慮して取組みを進めることの重要性も指摘されている（第6章、第12章）。こうした意思決定のプロセスは協同組合の特徴であり、組織力の源泉であるといえよう。

　以上、本書の内容を概観してきた。繰り返しにもなるが、改めてまとめてみると以下のようになるだろう。

　ＪＡの営農経済事業に求められている最大の役割は「地域農業の振興」である。具体的には地域農業のビジョンとその戦略と計画を構想し、実現に向けた必要な支援を実施していくことが求められる。そのためには地域の農業者の中に入り込み、話し合いを通じてその意見を集約していくことが重要であり、それがＪＡの組織力の強化にもつながるのである。

　営農経済事業の収支改善についても同様である。改善すべき無駄を削るのは必要だとしても、営農経済事業の最大の役割は組合員の負託に応える地域農業の振興であり、事業収益の黒字化のみを目指す必要はない。むしろ、地域農業の振興にかかる費用やその効果、赤字の際の補てん方法について組合員と話し合い、合意を得ることが重要であろう。

　ＪＡ営農経済事業は自己改革を進めている。改革を評価する時、人は「何をしたか」という結果を求めるが、本書で見た通り、ＪＡでは、「どのようにしたか」という視点が、「何をしたか」と同じように重要となる。そして、この「どのようにしたか」への視点こそ協同組合組織の特性であり、その重要性は改革を進める中でより高まっているように思われる。

　改革とは変わることを求めることであるが、協同組合の特性という変わらないものを生かす中にこそ、その活路があるのではないかと思われる。

〈執筆者〉

清水徹朗	理事研究員	（第1章）
内田多喜生	常務取締役	（第2章、第11章）
斉藤由理子	特別理事研究員	（はじめに、第3章）
長谷　祐	調査第一部研究員	（第4章、おわりに）
尾高恵美	調査第一部副部長	（第5章、第6章）
尾中謙治	基礎研究部部長代理	（第7章）
小針美和	食農リサーチ部主任研究員	（第8章）
若林剛志	基礎研究部部長代理	（第9章）
西川邦夫	茨城大学農学部准教授	（第10章）
小田志保	調査第一部・食農リサーチ部部長代理	（第12章）

■JA経営の真髄

地域農業の持続的発展と JA 営農経済事業

2020年10月20日　第1版第1刷発行

編著者　株式会社農林中金総合研究所

発行者　　尾　中　隆　夫

発行所　全国共同出版株式会社
〒160-0011　東京都新宿区若葉1-10-32
電話 03(3359)4811　FAX 03(3358)6174

©2020 Norinchukin Research Institute Co., Ltd.　印刷／新灯印刷(株)
定価は表紙に表示してあります。　　　　　　　　Printed in Japan